吸气式高超声速飞行器
热防护与发电一体化技术

苗鹤洋　著

西安电子科技大学出版社

内 容 简 介

　　本书从基本概念和理论出发,主要介绍基于超临界二氧化碳循环的超燃冲压发动机热防护与发电一体化技术,书中详细介绍了热电转换系统建模方法并对热电转换系统的性能进行了分析。本书共 6 章,即绪论、主动冷却超燃冲压发动机热环境特性、超临界二氧化碳布雷顿循环特性分析、基于超临界二氧化碳循环的热防护与发电一体化系统性能研究、基于低温分流与高温分流方案的系统性能研究、热防护与发电一体化系统变工况特性研究。书中提供的典型算例分析反映了当前超燃冲压发动机热防护领域的研究进展。

　　本书可供从事高超声速飞行器热防护、超燃冲压发动机热防护结构设计的科研工作者参考,也可作为高等院校航空宇航科学与技术专业研究生的参考教材。

图书在版编目(CIP)数据

吸气式高超声速飞行器热防护与发电一体化技术 / 苗鹤洋著.
西安：西安电子科技大学出版社,2025.7. -- ISBN 978-7-5606-7707-1

Ⅰ．V47

中国国家版本馆 CIP 数据核字第 20254LY180 号

策　　划　高 樱
责任编辑　高 樱
出版发行　西安电子科技大学出版社(西安市太白南路 2 号)
电　　话　(029) 88202421　88201467　　邮　　编　710071
网　　址　www.xduph.com　　　　　　电子邮箱　xdupfxb001@163.com
经　　销　新华书店
印刷单位　西安日报社印务中心
版　　次　2025 年 7 月第 1 版　　　　　2025 年 7 月第 1 次印刷
开　　本　787 毫米×960 毫米　1/16　　印张 9.5
字　　数　191 千字
定　　价　36.00 元
ISBN 978-7-5606-7707-1
XDUP 8008001-1
＊＊＊如有印装问题可调换＊＊＊

　　高超声速飞行器是一种新型的以吸气式或组合式发动机为动力,在大气层内或跨大气层以高超声速($Ma>5$)飞行的下一代航空/航天器,是航空航天领域的战略制高点,具有重大战略意义和重要军事价值。超燃冲压发动机作为吸气式高超声速飞行器的理想动力系统,是高超声速飞行器技术体系中的核心技术之一。随着飞行马赫数和巡航时间的增加,超燃冲压发动机热环境十分恶劣,其热防护问题是高超声速飞行器长时间飞行不可回避的关键问题之一。此外,由于高超声速飞行器面临巨大的电能需求,而超燃冲压发动机缺乏输出轴功的能力,现有的基于化学电池的存储式能源系统也难以满足长航时飞行的电力供给要求,因此发展长时间高功率的机载发电系统也迫在眉睫。超临界二氧化碳循环具有较高的能量转换效率,且结构紧凑、部件体积小,在高超声速飞行器上很有应用前景。因此,本书以超燃冲压发动机热防护与高超声速飞行器机载发电需求为牵引,采用循环效率高、结构紧凑以及稳定性好的超临界二氧化碳循环来构建高超声速飞行器热防护与发电一体化系统。

　　本书共分6章。第1章为绪论,主要介绍超燃冲压发动机热环境与热防护技术以及热电转换技术在超燃冲压发动机上的应用进展,并对超临界二氧化碳循环在超燃冲压发动机上的应用潜力与面临的主要问题进行总结。第2章为主动冷却超燃冲压发动机热环境特性,主要介绍超燃冲压发动机主动冷却通道与燃烧室耦合的一维建模方法。第3章为超临界二氧化碳布雷顿循环特性分析,主要介绍超临界二氧化碳循环的特性与建模方法。第4章为基于超临界二氧化碳循环的热防护与发电一体化系统性能研究,主要阐述热防护与发电一体化系统的建模方法,分析影响其性能的关键因素。第5章为基于低温分流与高温分流方案的系统性能研究,主要介绍提升系统性能的改进方案。第6章为热防护与发电一体化系统变工况特性研究,主要介绍系统变工况分析方法。

本书主要基于作者博士期间和近年来的研究成果编写而成，主要面向从事高超声速飞行器热防护、超燃冲压发动机热防护结构设计的科研工作者。

在此，衷心感谢王中伟教授对本书研究项目的指导与支持，感谢西安电子科技大学出版社对本书出版工作的大力支持。

限于作者水平，书中难免有不当之处，敬请读者批评指正。

著　者

2025 年 2 月

CONTENTS 目 录

第1章　绪　论

1.1　引言

随着航空航天技术的发展，飞行器的飞行速度不断提高，高超声速飞行器技术成为 21 世纪世界各国竞相研究的热点。高超声速飞行器是指飞行马赫数大于 5，以吸气式发动机或组合发动机为主要动力，能在大气层和跨大气层中远程飞行的飞行器[1]。超燃冲压发动机作为吸气式高超声速飞行器的理想动力系统，是高超声速飞行器技术体系中的核心技术[2]。同火箭发动机相比，超燃冲压发动机不需要携带氧化剂，高速气流经进气道减速增压后直接进入燃烧室与燃料混合燃烧，因此具有更高的比冲和工作效率，可以实现高马赫数巡航，有广泛的应用前景[3]。

高超声速飞行器在临近空间长时间、高马赫数飞行时，因高焓来流以及燃烧释热的作用，超燃冲压发动机面临恶劣的热环境。如当高超声速飞行器飞行马赫数达到 6.5 时，空气总温超过 1800 K，此时燃烧室燃气温度高达 2800 K，发动机壁面热流达兆瓦级别，远远超出目前可用材料结构的工作温度极限[4]，并且随着飞行工况的改变，发动机壁面热流也在不断变化，给热防护结构的设计带来了很大挑战。因此，超燃冲压发动机的热防护是其发展过程中的一个关键技术难题。

当前应用于超燃冲压发动机的热防护技术主要有被动热防护技术和主动热防护技术。被动热防护技术是指发动机采用耐高温材料如高温合金、复合材料等保证结构不被破坏。已有研究表明，对于较低飞行马赫数以及较短飞行时间，采用被动热防护技术是可行的[5]。但随着飞行时间以及飞行马赫数的增加，热流会不断积累，发动机壁面温度持续升高，被动热防护方案难以满足超燃冲压发动机工作的需求。主动热防护技术以再生冷却技术为主，让碳氢燃料通过冷却通道冷却发动机壁面，自身吸热升温后再进入燃烧室燃烧，既降低了发动机壁面温度，又提高了燃料的燃烧效率。但由于超燃冲压发动机燃烧燃料流量较小，在高马赫数飞行时冷却所需燃料流量将大于燃烧流量[6]，再生冷却面临燃料热沉不足的问题。此外，碳氢燃料在冷通道中的换热过程复杂，存在积碳结焦现象，也给再生冷却技术的应用带来了新的困难。因此，引入新技术和新方法来对超燃冲压发动机热防护系统进行设计十分必要。

除了上述问题，高超声速飞行器的各种控制系统和武器系统也需要消耗大量的电能。由于超燃冲压发动机没有旋转部件，由发动机转轴驱动发电机进行发电的传统方法不再可行，因此目前通常采用携带蓄电池的方式来解决电力问题。但是蓄电池的供电时间一般只有几百秒，随着飞行时间的增加，蓄电池体积、重量也必将不断增加。2015 年美国空军在SBIR/STTR 计划中提出的高超声速飞机的电力要求为：马赫数 6～8，高度 15 km 以上，巡航 30～60 min，功率要求不小于 1 MW[7]。可见，如何在高超声速飞行器上实现长时间高功率的电能输出也是一个值得研究的新课题[8]。

综合考虑超燃冲压发动机冷却需求和高超声速飞行器电力需求，从能量利用角度出发，如果以发动机壁面为热源，以燃料为冷源，在两者之间构建热力循环发电系统，将发动机一部分壁面热量转换为电能，不仅可以降低需要燃料吸收的总热量，减少所需冷却燃料流量，为超燃冲压发动机提供长时间有效的热防护，而且能够满足高超声速飞行器用电需求。传统以氦气、氮气等为工质的布雷顿循环或者以有机物、水等为工质的朗肯循环部件体积与重量都较大，系统热效率较低，难以满足高超声速飞行器的应用需求。而以二氧化碳为工质的超临界二氧化碳布雷顿循环因其能量转换效率高、结构紧凑以及安全稳定性好等优点，是最有应用前景的热力循环系统，在高超声速飞行器上有很大的应用潜力，有利于实现热防护与发电一体化系统的小型化，符合机载发电系统的设计要求。本书以超燃冲压发动机为应用背景，提出基于超临界二氧化碳循环的高超声速飞行器热防护与发电一体化系统，考虑超燃冲压发动机热环境特点以及燃料作为冷源的特殊性，对系统特性展开深入分析，为高超声速飞行器提供体积小、结构紧凑、转换效率高的机载发电系统，为解决超燃冲压发动机长时间工作的冷却需求和高超声速飞行器长时间飞行的电力供应难题提供参考方案。

1.2　超燃冲压发动机热环境

自 20 世纪 50 年代以来，多个国家陆续对高超声速飞行器开展了大量的理论研究与试验研究，取得了一系列突破与进展。从以 X-43[9-10] 和 X-51 系列[11-12]为代表的高超声速飞行试验的成功，以及 2018 年 5 月 7 日在北京国际军民融合装备展览会上中国展出的凌云临近空间高超声速通用试飞平台（如图 1.1 所示）可以看出，高超声速飞行器已经进入实质性研制应用阶段。在此背景下，超燃冲压发动机的热防护问题成为高超声速飞行器长时间飞行不可回避的关键问题之一，而发动机热环境作为热防护系统设计的基础，其壁面热流密度计算也十分重要。

图 1.1　凌云临近空间高超声速通用试飞平台

Kosaka 等人[13]对超燃冲压发动机燃烧室温度和压力情况进行了研究，给出了马赫数为 6 和 8 时燃烧室的总温和静压，如表 1.1 所示。由表可知，马赫数为 6 时燃烧室内燃气总温已高达 2700 K，已经超出了一般材料的工作极限，在马赫数为 8 时总温更是达到了 3100 K，可见超燃冲压发动机热环境非常恶劣。

表 1.1　马赫数为 6 和 8 时燃烧室内的总温及静压[13]

飞行条件		燃烧室最大压力位置的压力及总温		燃烧室最大温度位置的压力及总温	
飞行马赫数	动压/kPa	P_{max}/MPa	总温/K	静压/kPa	总温/K
6	71.82	0.302	2500	67.032	2700
8	71.82	0.196	3050	52.668	3100

NASA 兰利研究中心 Choi 等人[14]给出了超燃冲压发动机典型热流密度分布，如图 1.2 所示。从图中可以看出，超燃冲压发动机热流密度沿壁面分布不均匀，存在热流峰值，燃烧室热流密度较大。同时由于来流总温较高，进气道以及隔离段也存在较大热流密度。

一方面燃烧室高热流密度容易导致热防护结构局部破坏失效，另一方面进气道、隔离段以及尾喷管等部位的热防护需求也给热防护系统设计增加了压力。

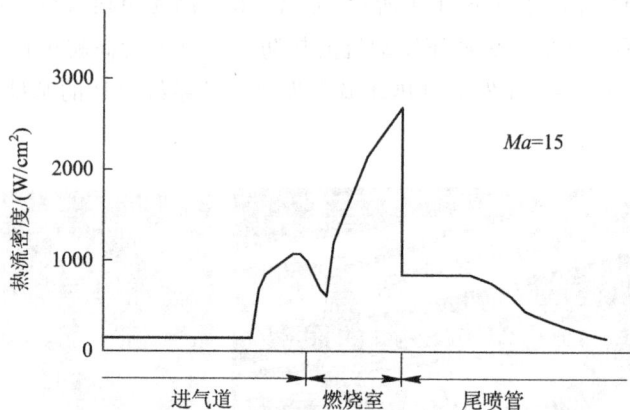

图 1.2　超燃冲压发动机典型的热流分布$(Ma = 15)$[14]

Wang 等人[15]对三维超燃冲压发动机燃烧和传热过程进行了仿真计算，通过简化的乙烯三步反应模型，得到定壁温条件下发动机壁面热流密度随当量比的变化量。Cheng 等人[16]在傅里叶导热定律和微积分的基础上，将发动机壁面传热问题简化为三维平板模型，并采用共轭梯度法对发动机内壁温和壁面热流密度进行计算，将计算结果与实验比较，结果表明该方法能够较为准确地得到壁面热流随时间的变化量，壁面热流最大误差不超过5%。马西芳[17]采用商业软件 Fluent 对超燃冲压发动机燃烧室内流场参数进行模拟计算，通过耦合换热模型得到了不同壁面边界条件下燃烧室热流与换热系数分布特征。

超燃冲压发动机燃烧室内气体流场结构与燃烧化学反应非常复杂，虽然采用二维与三维数值模拟方法能够较为准确地计算流场特性，但其计算量大，计算时间成本较高。因此一些学者提出通过准一维计算方法来快速得到燃烧室内流场参数基本分布规律[18-19]。该模型能够突出燃烧室内基本物理过程，对超燃冲压发动机热防护系统初步分析与设计具有重要的指导意义。

O'Brien 等人[20]采用有限速率反应模型，对火箭基组合循环发动机推进系统（RBCC）建立了准一维性能分析方法，并对其变工况性能进行了研究。Birzer 等人[21]又建立了氢燃料超燃冲压发动机准一维分析模型，考虑了壁面摩擦与壁面传热等因素，通过求解一系列常微分方程，得到了燃烧室主流参数分布，并与 HyShot II 飞行试验数据进行对比，结果表明该模型能够较为准确地预测超燃冲压发动机性能，具有较好的精度。通过该模型，Starkey 和 Lewis 等人[22]对碳氢燃料超燃冲压发动机进行了影响参数敏感度分析，发现对于发动机设计扰动，双发动机设计比单发动机设计具有更好的稳定性。

Zhang 等人[23]建立了碳氢燃料超燃冲压发动机再生冷却与超声速燃烧耦合的准一维分析模型，得到了壁面温度与热流分布，分析了再生冷却对发动机性能的影响，通过该模型能够快速预测再生冷却发动机性能变化。

王厚庆等人[24]利用一维分析方法，对采用基于碳化硅陶瓷复合材料的主动冷却超燃冲压发动机最大工作马赫数进行计算评估。张栋等人[25-26]基于准一维流动理论，利用影响系数法建立了超燃冲压发动机准一维分析模型，对发动机内流场进行数值计算，结果表明准一维模型计算准确性较好。他们还通过对隔离段模型进行修正来考虑激波干扰等复杂流动，进一步提高了计算精度。牛东圣等人[27]建立了不同燃料的超声速燃烧室准一维计算模型，对氢燃料、气态煤油燃料以及液态煤油发动机的参数进行计算，通过与实验数据比较，验证了模型的准确性。尤厚丰等人[28]利用考虑有限速率化学反应的准一维 Euler 方程，发展了燃烧室性能分析的准一维方法，分析了不同当量比和进口压强对燃烧室流动的影响。

除数值仿真计算外，一些学者和机构也采用实验或实验与仿真结合的方法对发动机壁面热流进行测量[29]。Cheng 等人[30]对采用超临界煤油冷却的超声速燃烧室壁面热流进行实验研究，分析了入口马赫数、来流总温以及燃料当量比对燃烧以及传热特性的影响，结果表明热流密度随着入口温度和冷却燃料流量的增加而增加，而当量比的影响则是非单调的。Zhang 等人[31]提出一种在线计算超燃冲压发动机内壁温的方法，通过测量外壁温以及燃烧室压力对内壁温进行推导，能够对燃气和壁面的换热进行计算。张雁翔等人[32]利用燃烧室 OH 基自发辐射图像，通过分段线性拟合得到了燃烧室释热分布的一维模型。中国科学院高温气体动力学实验室和国防科技大学也对热流测量技术方法开展了相关研究工作[33-35]。由于燃烧室超声速燃烧流场环境恶劣，给传感器的测量与布置带来了极大挑战，因此还需要不断寻求新思路来实现更加准确的测量。

1.3　超燃冲压发动机热防护技术

考虑到超燃冲压发动机面临恶劣的热环境，需要采取相应的热防护措施来防止发动机壁面因高温而被破坏。目前超燃冲压发动机热防护技术主要分为被动热防护技术与主动热防护技术，但随着飞行时长和飞行马赫数的不断提高，单一的热防护方案难以满足需求，于是一些学者提出了将多种热防护技术结合起来的组合热防护技术。下面将分别对这几种热防护技术研究情况进行介绍。

1.3.1 被动热防护技术

被动热防护主要指采用轻质耐高温材料来保护发动机不被高温破坏。满足超燃冲压发动机热防护要求的材料需要具有耐高温、抗氧化、能够承受复杂的热-力机械载荷以及轻质耐烧蚀等特性,同时还需要有效可靠的制备技术,以便满足发动机型面变化的要求[5]。

目前常用于超燃冲压发动机热防护的材料有高温合金和复合材料,如镍基高温合金、高温陶瓷、连续碳纤维增强碳化硅(C/SiC)等复合材料。其中 C/SiC 复合材料因具有密度低、比强度和比模量高等优点,成为超燃冲压发动机热端部件材料的研究重点[36-38]。法国 SEP 公司[39-40]用 C/SiC 代替金属材料制作了长度为 1 m 的超燃冲压发动机燃烧室,150 s 热考核实验表明,结构件性能没有明显的退化,能够起到明显的减轻质量和提高热效率作用。美国空军在 HyTech 计划中[41]对适用于超燃冲压发动机被动热防护材料进行了筛选,分别考核了尾喷管、燃烧室和进气道等部件采用复合材料的工作性能,但是考核实验只进行了 600 s 左右,更久的服役性能还需要更长时间的考核验证。

为了深入研究复合材料用于超燃冲压发动机热防护的可能性,美国和法国联合开展了名为 Joint Composite Scramjet(JCS)的研究计划[39],研制了燃烧室被动防热面板,并将面板安装于燃烧室出口处进行热考核,结果表明 C/SiC 复合材料面板没有被明显烧蚀和破坏,达到了预期目标。此外,德国也开展了 C/SiC 复合材料进气道斜面的研究[42],主要对马赫数为 5.6 飞行条件下的热、力性能进行考核,验证复合材料的力学性能是否可以满足使用要求。

目前对应用于超燃冲压发动机中的高温复合材料的研究中,考核试验时间都较短,即对于短时间飞行,这些高温复合材料能够代替金属材料满足使用要求,减轻结构质量。但随着飞行时长以及马赫数的增加,发动机壁面热量不断积累,壁面温度可能超过这些材料的使用极限,因此对于长时间工作的超燃冲压发动机,需要对发动机壁面进行主动冷却。

1.3.2 主动热防护技术

主动热防护(也称为主动冷却热防护)技术主要利用工质或冷却流体带走发动机壁面上的大部分热量,从而降低发动机壁面温度,保护结构不受破坏,主要包括发汗冷却[43-44]、气膜冷却[45-46]和再生冷却[47],其中以燃料为冷却工质的再生冷却技术在发动机热防护方面应用最为广泛[48]。通过在发动机壁面布置冷却通道,燃料流经冷却通道吸热升温并对发动机壁面进行冷却,吸热后的高温燃料进入燃烧室燃烧,能够提高燃烧效率,即壁面散失的热量重新回到燃烧室内,如图 1.3 所示。由于再生冷却技术不需要携带额外的冷却介质,且能够减轻冷却系统质量,因此被认为是超燃冲压发动机首选的热防护方案。

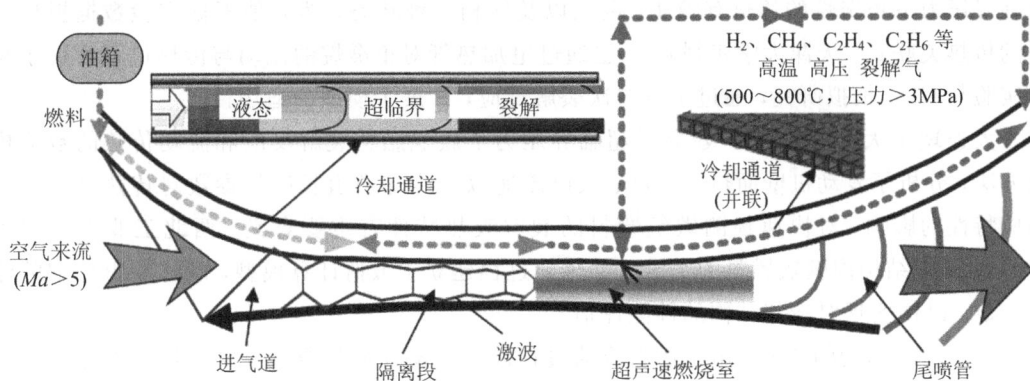

图 1.3 再生冷却超燃冲压发动机工作示意图[53]

由于碳氢燃料密度大,更易储存和运输,可以减轻燃料储箱体积与重量,因此目前研究多集中于碳氢燃料超燃冲压发动机。美国在 Hytech 计划中对碳氢燃料超燃冲压发动机进行了地面演示(GDE)试验[49],其中 GDE-1 试验将"冷却所用燃料与燃烧燃料分开供给,对冷却所用燃料与燃烧燃料的匹配性进行了研究。GDE-2 试验完成了闭环试验验证,冷却燃料吸热后直接进入燃烧室进行燃烧,进一步验证了采用碳氢燃料对超燃冲压发动机冷却的可行性[50-51]。随后美国进行了一系列飞行试验,最终在 2013 年完成了超过 200 s 的自主飞行试验,飞行最大速度达到 5 Ma,充分验证了再生冷却技术在超燃冲压发动机上应用的可行性[52]。

目前对再生冷却技术的研究主要分为两个方面:一是对碳氢燃料的流动换热特性进行研究,主要研究燃料在超临界条件下的换热特性,以及通过催化裂解等手段来提高燃料的吸热能力,减小积碳结焦[54-56];另一方面是对再生冷却通道进行优化设计,提高冷却结构的换热效率[57-58]。

国外在 20 世纪 80 年代就已经开始对碳氢燃料的裂解反应进行研究,提出可以通过控制燃料的裂解反应来增加其吸热能力[59]。Benjamin 等人[60]通过电阻式加热实验台,研究了常规的吸热型碳氢燃料换热特性,给出了统一的实验关联式。Daniau 等人[61]建立了正十二烷的裂解模型,能够对燃料裂解时提供的化学热沉进行估算。贺芳等人[62]和符全军[63]分别对碳氢燃料的发展进行了总结,提出了碳氢燃料的发展方向。仲峰泉等人[64]对航空煤油在超临界压力下的裂解特性进行了研究,利用热沉增益的方法,通过实验测量裂解产物的成分来分析温度、压力以及驻留时间等参数的影响,在其给出的裂解条件下可获得 0.5 MJ/kg 的化学热沉。

国防科技大学王宁[65]采用单管模拟超燃冲压发动机单个冷却通道,利用电加热方式模拟超燃冲压发动机壁面热流条件,对 RP3 煤油的流动与传热进行了详细研究,结果表明在亚临界压力下正癸烷的传热有液相、两相以及气相三种状态，然后他根据实验数据提出了新的传热关联式。天津大学张强强[66]也通过电加热管对正癸烷的流动与传热过程开展了相关实验与 CFD 模拟研究，通过引入二次裂解反应，扩展了模型的适用性。

大连理工大学黄世璋[67]建立了超临界压力下碳氢燃料裂解反应和流动传热的数值模拟方法，分析了发动机壁面热流密度、入口流速以及冷却通道长度等参数对传热过程动态响应特性的影响，对快速预测碳氢燃料的裂解吸热特性有重要意义。西北工业大学赵国柱[68]对冷却结构内碳氢燃料的三维流动传热过程建立了数值计算模型，能够获得详细的流场参数，以便实现对冷却结构的性能评估。

对于冷却结构的研究，由于燃料流动过程涉及裂解反应等复杂变化，且超临界压力下碳氢燃料的换热关系式精度有限，因此目前多集中于建立一维模型进行分析计算。

Scotti 等人[69]提出了一种发动机金属冷却面板的优化设计方法，他们对槽道式和钉式冷却结构的研究表明，槽道式冷却结构具有更好的冷却效果，同时冷却结构材料应优先选用高温合金。Youn 等人[70]对超燃冲压发动机主动冷却面板进行分析，采用了单面加热的矩形通道模型，分析了通道尺寸等参数对换热性能的影响，考虑壁面最高温度以及通道内流速马赫数限制，得到了最小冷却流量，具有一定的借鉴意义。

蒋劲[71]利用对流换热准则关系式建立了再生冷却一维传热模型，分析了冷却结构尺寸如肋片厚度、通道宽度以及高度对冷却效果的影响。孙弘原[72]利用 Fluent 建立了再生冷却通道三维传热模型，对冷却结构材料选择和尺寸影响进行了分析，并根据分析结果对冷却结构尺寸进行优化设计，提升了冷却性能。鲍文等人[73]通过等壁温设计方法对发动机冷却结构进行优化，采用沿壁面变化的冷却通道高度和壁面粗糙度来减少冷却燃料流量，计算结果表明优化后能够减少 30% 的冷却燃油。刘志琦[74]建立了再生冷却通道中碳氢燃料一维换热模型，并通过试验对模型进行了修正，分析了不同冷却通道构型以及燃料入口条件对再生冷却换热过程的影响，结果发现薄的肋片和高长宽比能够改善换热性能，但他对冷却通道中的传热机理没有进行深入研究。

1.3.3　组合热防护技术

随着高超声速飞行器飞行马赫数和飞行时长的不断提高，单一的热防护技术已难以满足需求，因此组合热防护技术开始慢慢发展起来。通过将两种或者两种以上热防护技术组合起来应用到超燃冲压发动机热防护系统设计中，可以充分利用不同热防护技术的优点，达到优势互补的效果。

1. 主被动结合热防护方案

目前再生冷却多采用金属结构，其许用温度有限，因此一些学者提出主被动结合热防护方案。其基本设计思想为采用耐高温的复合材料来作为燃烧室壁面,在外层布置金属冷却通道并通过主动冷却(再生冷却)对壁面进行降温。该方案与纯主动冷却方案相比,由于由靠近燃气的复合材料承担耐高温任务,因此主动冷却结构可以采用导热性能更好的轻质金属材料。

王庆厚等人[75]设计了基于碳化硅陶瓷基复合材料(CMC)的主被动结合热防护方案,该方案以燃烧室惰性气体质量与冷却液流量系数最小为目标,通过遗传算法对冷却结构各层厚度以及冷却通道尺寸等参数进行优化。鲍文等人[76]对主被动热防护方案设计内涵进行了讨论并给出了总体设计原则,指出如何合理分配热载荷是目前面临的主要难题,并通过分析发现采用 C/SiC 为被动材料大约可以使马赫数为 6.5 工况下的热流密度降低约 42%。Zhang 等人[77]对以 C/SiC 材料为被动防热层、高温合金为主动防热结构的主被动热防护方案进行了研究,他们通过一维传热模型分析了不同当量比和马赫数下系统的热防护性能,结果表明选择合适的被动热防护层厚度可以扩展氢燃料超燃冲压发动机的工作范围。

目前国外已经开展了主被动结合热防护结构的相关研制工作,冷却结构由金属基与复合材料组合向全复合材料主动冷却面板发展,高温连接与热密封技术是发展 C/SiC 复合冷却结构的关键技术,不过要关注不同材料之间的热匹配与接触热阻问题。

2. 再生冷却与气膜冷却组合发热防护方案

气膜冷却是发动机主动冷却方式的一种,由于其结构简单、冷却效果好等特点经常用来对涡轮和燃气机轮进行冷却[78]。为了减少再生冷却所需燃料流量,有学者将气膜冷却与再生冷却相结合,提出再生冷却与气膜冷却组合发热防护方案(简称再生/气膜组合冷却方案),该方案让燃料首先流经再生冷却通道吸热升温,冷却通道出口处的燃料一部分直接进入燃烧室燃烧,另一部分经过降压、降温、加速等手段被加速至超声速后喷注到燃烧室壁面进行超声速气膜冷却。

Kanda 等人[79]提出将再生/气膜冷却方案应用于氢燃料超燃冲压发动机,比较了气膜冷却、再生冷却以及再生/气膜组合冷却方案的冷却性能,结果表明再生/气膜组合冷却方案优于其他两种冷却方案。

Zuo 等人[80]对碳氢燃料超燃冲压发动机再生/气膜组合冷却方案建立了一维计算模型,分析了影响再生/气膜组合冷却方案性能的主要因素,结果表明与单纯再生冷却相比,再生/气膜组合冷却方案具有更好的燃油冷却能力,可显著降低发动机壁面温度,且不需要携带额外的燃料。哈尔滨工业大学的章思龙[53]对再生/气膜组合冷却方案进行了较为详细的研究,建立了含有裂解反应的再生冷却和气膜冷却的流动换热数值计算模型。

综上所述,为了保证超燃冲压发动机不被高温破坏且能够长时间运行,各航天大国和相关学者对超燃冲压发动机热防护技术开展了大量研究工作,但是无论采用主动热防护技术还是组合热防护技术，都主要利用燃料将发动机壁面热量全部吸收。虽然再生冷却技术已经在液体火箭发动机上得到了成熟应用，但对于碳氢超燃冲压发动机来说，其燃料的流量一般小于火箭发动机，热载荷与冷却剂的比值远远大于火箭发动机。因此，冷却燃料不足的问题在超燃冲压发动机上日益凸显，主要表现为冷却所需燃料流量大于燃烧燃料流量，所以需要引入新技术和新方法来对超燃冲压发动机热防护系统进行设计。

1.4 热电转换技术在超燃冲压发动机上的应用

为了解决超燃冲压发动机冷却燃料不足的问题，一些学者提出将一部分发动机壁面热量转换为电能，降低冷却燃料所需要吸收的总热量，从而达到减少冷却燃料流量的目的，同时还可以为高超声速飞行器提供电力保障。

2009 年，Sforza[81] 提出了以碳氢燃料为工质，以超燃冲压发动机燃烧室为热源的朗肯循环发电系统，如图 1.4 所示。液体燃料经泵增压后进入发动机壁面换热并对燃烧室进行冷却，吸热升温汽化后的燃料一部分进入燃烧室燃烧，另一部分流经发动机壁面的过热器继续升温，升温后的过热蒸汽流经涡轮做功并驱动发电机发电，然后再经过与燃料箱换热温度降低后重新回到油箱。Sforza 主要对该方案的发电功率进行了研究，没有涉及对燃料冷却能力提升的分析。但随着循环的进行，采用该方案后燃料箱温度会不断升高，可能会造成系统难以继续运行。

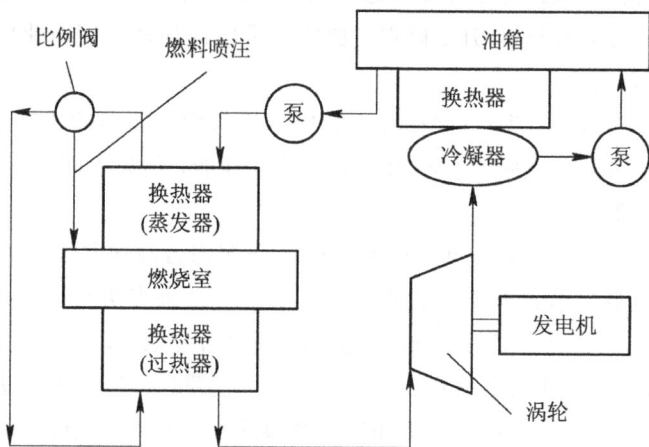

图 1.4　高超声速飞行器朗肯循环发电系统[81]

2009 年，哈尔滨工业大学鲍文和秦江等人[82]为了减少再生冷却所需燃料流量，提出采用超燃冲压发动机再冷循环(Recooled Cycle)来间接提高燃料热沉，如图 1.5 所示。燃料首先流经发动机壁面吸热升温发生相变(汽化)，高温高压燃料经过涡轮机(简称涡轮)做功温度降低后继续流入冷却通道对发动机壁面进行冷却，形成开式循环。该方法通过将发动机壁面一部分热量转换为电能，减少了需要吸收的总热量，相当于间接增加了燃料热沉，从而达到减少所需冷却燃料流量的目的。

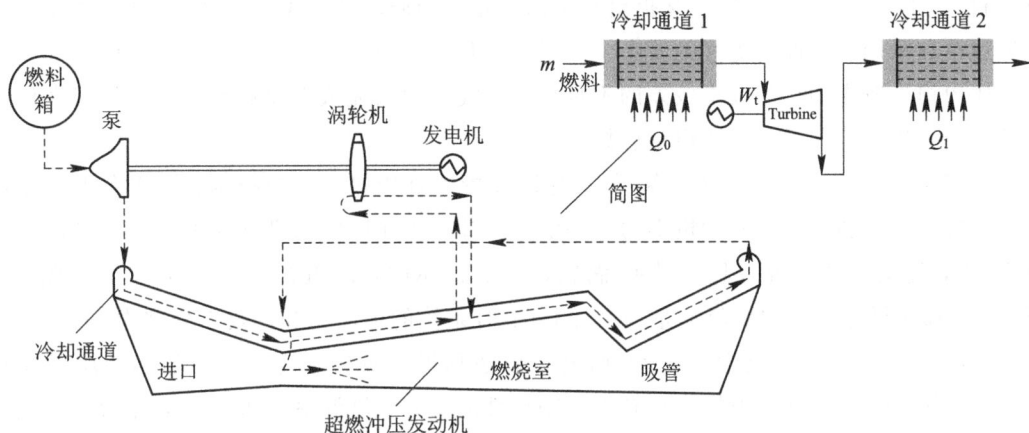

图 1.5　超燃冲压发动机再冷循环[83]

目前该团队对此方案进行了一系列研究，首先探讨了采用多个涡轮时冷却系统的极限性能[83-84]。随后在 2010 年 Qin 等人[85]对再冷循环进行热力学优化，以氢燃料作为冷却工质，考虑冷却通道内压力损失和马赫数限制，得到了循环的最优性能，结果表明该方案可以减少 37% 的冷却燃料流量。紧接着他们研究了冷却通道内工质的流动和换热特性，分析了入口条件和通道几何尺寸对系统冷却性能的影响[86-88]。2012 年 Qin 等人又建立了主动冷却与燃烧室耦合的一维分析模型，对比了不同当量比和马赫数下再冷循环与再生冷却的冷却性能[89-90]。同年 Bao 等人[91]建立了冷却通道内吸热型碳氢燃料一维流动换热模型，搭建了碳氢燃料高温高压流动换热实验台对模型进行验证。2013 年他们又开展了碳氢燃料再冷循环原理性验证实验，通过等效阀门来模拟碳氢燃料经过涡轮后的压力和温度下降，研究结果表明采用再冷循环可以将正癸烷热沉增加到 0.7 MJ/kg[92]。2014 年张铎等人[93-94]对采用碳氢燃料为工质的涡轮做功能力进行了分析，基于 SKR 状态方程建立了裂解混合物的等熵焓计算方法。2016 年张铎设计了油气涡轮发电机原理样机并进行实验，由于条件限制，涡轮设计存在局部效率低、速比低等不利情况，这导致最终总效率较低，只有 20%～30%[95]。

2010 年，Qin 等人[96-97]提出将闭式布雷顿循环应用于超燃冲压发动机热防护，其基本原理与再冷循环相似，即通过将发动机壁面一部分热量转换为电能来减轻燃料的冷却压力。不同于再冷循环的是，该方案用氦气作为工质对发动机壁面进行冷却，形成闭式布雷顿循环，燃料只用来对做功后的氦气进行冷却以保证循环的正常运行。在不考虑燃料流量限制以及壁面传热的情况下，该方案可以间接使燃料热沉提高 54%。2018 年 Cheng 等人[98]分析了有限冷源下简单回热布雷顿循环的发电性能，选取液氢和碳氢燃料两种冷源进行分析，计算结果表明由于液氢作为冷源能够取得较低的循环温度，因此发电效率高于碳氢燃料。2019 年 Cheng 等人[99]又提出基于回热布雷顿循环的一体化发电与冷却系统，该系统通过单独采用冷却性能更好的液态金属对发动机壁面进行冷却，以便弥补采用氦气为工质时压力损失较大和冷却效果较差的不足，而氦气只用来完成布雷顿循环，燃料用来作为冷源对循环进行冷却后进入燃烧室燃烧。

2017 年，国防科技大学李新春[100]系统地分析了直接热电转换技术、闭式布雷顿循环以及朗肯循环在超燃冲压发动机上的应用潜力，对超燃冲压发动机壁面可利用热量进行了研究[101]，提出了基于温差热电转换-涡轮（TEG-TURBO）的组合发电系统[102]，如图 1.6 所示。他通过㶲分析得到燃料流量为 0.4 kg/s 时系统的输出功和㶲效率分别为 61.69 kW 与 21.8%。2021 年，姜培学等人[103]研究了以超临界二氧化碳为工质的超燃冲压发动机热防护系统，结果表明，回热 CO_2 布雷顿循环性能最好，热效率可达 17%，并指出当飞行时长为 30 min 时，与采用蓄电池的供电方案相比，该系统可以减轻 85% 的质量与 81% 的体积。

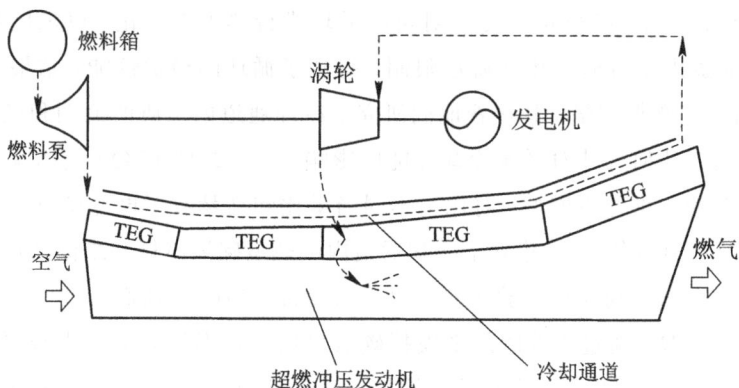

图 1.6　温差热电转换-涡轮组合发电系统

综上所述，已经有越来越多的学者意识到要从能量的利用角度来对高超声速飞行器发动机进行热防护，这个思路不仅可以解决冷却燃料不足的问题，还可以为高超声速飞行器提供电力保障。表 1.2 对上述热电转换方案的特点进行了总结。

表 1.2 几种热电转换方案对比

类 别	壁面冷却工质	做功工质	冷 源	优 缺 点
再冷循环(RCC)/半闭式朗肯循环	碳氢燃料	碳氢燃料	碳氢燃料	结构简单,易实现;油气涡轮效率低
直接热电转换技术	热电转换材料/碳氢燃料	—	碳氢燃料	结构简单;高温热电材料研制,转换效率低
布雷顿循环	氦气/液态金属	氦气	碳氢燃料	循环效率高;常规工质压力损失大,系统体积较大
朗肯循环	水/有机工质	水/有机工质	碳氢燃料	换热匹配性好;部体积大,安全性差,适用温度区间窄
温差热电转换-涡轮(TEG-TURBO)	热电转换材料/碳氢燃料	碳氢燃料	碳氢燃料	结构简单,效率比单一方案高;整体效率较低
布雷顿循环-温差热电转换(CBC-TEG)	碳氢燃料	氦气	碳氢燃料	燃料冷却能力多级利用;结构复杂,携带额外工质较多

由表 1.2 可知:对于高超声速飞行器来说,燃料被认为是目前唯一可用冷源,因此无论是哪种热电转换方案,都采用碳氢燃料作为冷源。当采用碳氢燃料为做功工质时,由于裂解后产物多为多原子碳氢化合物,做功能力不强,因此系统整体效率较低;直接热电转换技术由于自身材料性能限制,最终效率也不高,只能与其他技术组合使用;朗肯循环以水或者有机物为工质,换热匹配性好,但有机物可使用温度区间较窄,且涉及相变,部件体积大,安全性低;布雷顿循环效率高,结构简单,应用前景较好,但是目前研究多采用氦气为工质,在壁面冷却通道换热时压力损失较大,如果采用第三种工质则会带来严重质量惩罚,增加系统复杂性。

由此可见,寻找效率更高、部件体积更小、工质换热性能更好的热力循环来构建超燃冲压发动机热防护与发电一体化系统十分必要,而超临界二氧化碳因其独特的性质受到广泛关注,以其为工质的超临界二氧化碳循环也得到迅速发展,在各个领域都具有很大的应用潜力。

1.5 超临界二氧化碳循环

1.5.1 超临界二氧化碳循环特点

二氧化碳一般存在固态、气态和液态三种相态,随着温度和压力的变化,其相态也会发生改变,如图1.7所示。其中气相与液相的交点叫作临界点,当温度和压力超过临界点时,二氧化碳便进入了超临界状态,被称为超临界二氧化碳(Supercritical Carbon dioxide,SCO_2)。超临界流体不仅具有液体高密度、高比热的特点,还有气体低黏度的特性,作为循环工质可以减小设备体积,降低压缩功,提升循环效率。而超临界二氧化碳因临界温度与临界压力容易达到(7.39 MPa/30.98℃),不易与其他物质发生反应,储量丰富、成本低等优点,是目前最具有应用前景的超临界流体。

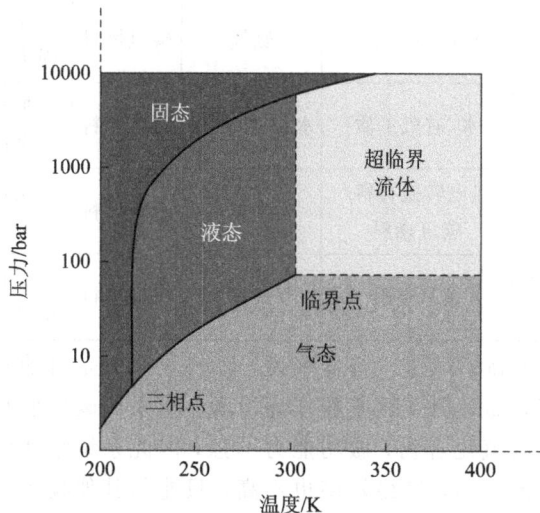

图1.7 二氧化碳多相图

超临界二氧化碳循环主要是指系统的运行温度和压力在二氧化碳临界点以上的布雷顿循环。其主要有以下优点:

(1)循环热效率高。超临界二氧化碳循环与燃气轮机循环相比,由于二氧化碳在临界点附近压缩因子小,因此压缩机功耗减少,热效率大大提高;超临界二氧化碳循环与蒸汽朗肯循环相比,由于二氧化碳物性较稳定,不易与部件发生腐蚀作用,因此可以比蒸汽循环取更高的涡轮入口温度,循环效率也提升较大。

(2)系统结构紧凑,部件体积小,占用空间小。超临界二氧化碳循环最低运行压力一般为7.4 MPa,远高于常规热力循环,且系统中二氧化碳密度较高,体积流量小,涡轮机械的尺寸大概只有蒸汽循环的十分之一,同时换热器可以采用更加高效、紧凑的印刷板式换热器(PCHE),因此占用空间大大减小。

(3)安全稳定,经济性好。二氧化碳临界温度和临界压力容易达到,获取成本较低。同时二氧化碳化学性质稳定,对设备腐蚀较小,系统稳定性好。此外,二氧化碳临界点温度为

30.98℃，可以采用空气代替水来进行冷却，也适用于干旱缺水环境。

1967 年，Fehera[104]首次提出超临界二氧化碳循环这一概念，他分析并总结了超临界二氧化碳作为工质的优点，研究了简单回热超临界二氧化碳循环参数影响，引起了国内外学者的广泛关注。1969 年 Angelino[105-106]提出了包括简单回热循环、预压缩循环、再热循环和部分冷却循环等多种超临界二氧化碳循环方案。但是受到当时高温高压技术以及涡轮加工技术的限制，从 1970 年到 1990 年的相关研究工作基本停滞不前。进入 21 世纪以来，由于高效紧凑换热器技术和涡轮技术的进步，关于超临界二氧化碳的研究又逐渐发展起来。2004 年 Dostal[107]总结前人的工作，研究了超临界二氧化碳循环在核能发电领域的应用潜力，认为再压缩循环布局热效率较高，最具有发展潜力。在此之后，许多学者和研究机构对不同循环结构的超临界二氧化碳循环在核反应堆发电[108-112]、太阳能发电[113-116]、火力发电[117-121]以及余热利用[122-125]等领域的应用开展了大量理论研究和实验研究[126-128]，再次掀起了超临界二氧化碳研究的热潮。

1.5.2 超临界二氧化碳循环在超燃冲压发动机上的应用潜力分析

综合国内外研究现状可知，采用超临界二氧化碳循环构建超燃冲压发动机热防护与发电一体化系统，主要有以下几个方面的优势。

首先，再生冷却由于碳氢燃料为多组分混合物，裂解产物较多，在冷却通道内的换热过程极其复杂，且存在积碳结焦等现象，可能导致传热恶化，影响与发动机壁面的换热，可造成局部超温破坏，同时再生冷却推进所用燃料流量与冷却所需燃料流量差距较大。而基于超临界二氧化碳循环的超燃冲压发动机热防护与发电一体化系统通过利用超临界二氧化碳代替碳氢燃料对发动机壁面进行冷却，燃料只是作为冷源对预冷器中的二氧化碳进行冷却，因此壁面冷却通道内的换热过程相对简单且容易预测，有利于冷却过程参数设计与调节。此外，通过超临界二氧化碳循环可以将一部分壁面热量转换为电能，既减轻了超燃冲压发动机热防护压力，解决了冷却燃料不足的问题，又可以为高超声速飞行器长时间飞行提供电力保障。

其次，由于超临界二氧化碳循环热效率较高，意味着壁面热量转换为电能的比例也较高，所需要燃料吸收的壁面热量也较少，因此所需冷却燃料流量也较小，系统热防护性能较好，同时系统的输出功率也更高。与采用有机工质的朗肯循环和以氦气为工质的布雷顿循环相比，超临界二氧化碳循环可以直接利用超临界二氧化碳对发动机壁面进行冷却，不需要额外携带第三种工质如液态金属作为单独的冷却介质，系统结构简单，安全稳定性好。

　　最后，对于高超声速飞行器来说，热防护系统的体积和重量是必须考虑的问题，而超临界二氧化碳循环结构紧凑，部件体积小，占用空间小，很适合应用在高超声速飞行器上。此外，由于超燃冲压发动机没有转动部件，因此依靠发动机转轴带动发电机发电的传统方案不再可行。目前高超声速飞行器主要依靠蓄电池提供电力保障，如果不找到可行的发电方案，则随着飞行器飞行时长的增加，电池体积和重量也将不断增加。虽然引入超临界二氧化碳循环会增加系统重量，但是另一方面通过构建热电系统又减轻了蓄电池重量，并且随着飞行时长的增加所带来的收益会越来越大。

第 2 章　主动冷却超燃冲压发动机热环境特性

2.1　引言

对于采用主动冷却的超燃冲压发动机来说，燃烧室内(见图 2.1)的高温燃气向发动机壁面传递热量，冷却工质流经发动机壁面吸收热量使发动机壁面温度维持在材料许用温度以内。一方面超燃冲压发动机壁面的热流作为冷却通道的热边界条件，决定了冷却工质的流量大小以及出口温度、压力等参数分布，该温度与压力又是冷却发电系统的最高温度和最高压力，影响循环的热效率。另一方面，冷却工质对发动机壁面的冷却效果又会改变发动机壁面温度分布，从而影响高温燃气向发动机壁面传热的效率，改变发动机壁面热流密度，即引起热边界条件的改变。因此建立超燃冲压发动机主动冷却通道与燃烧室耦合求解的分析模型十分必要。

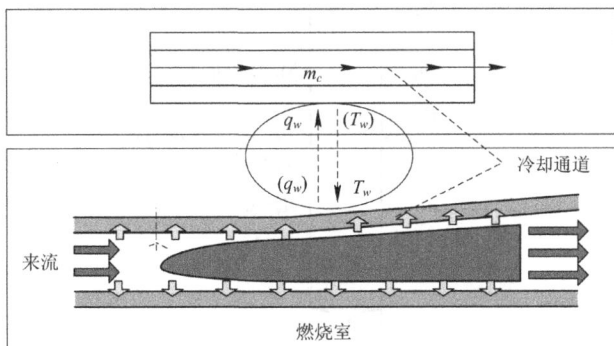

图 2.1　主动冷却超燃冲压发动机燃烧室示意图

2.2 超燃冲压发动机燃烧室准一维模型

超燃冲压发动机是高超声速飞行器的关键动力系统，主要包括进气道、隔离段、燃烧室以及尾喷管等部分。燃烧室作为发动机的主要部件，燃料在燃烧室内与空气混合燃烧释放热量，产生的高温燃气会向发动机壁面传递大量热量，因此对其进行冷却与热防护十分重要。实际的超燃冲压发动机燃烧室内的气流流动是三维的，流场结构极其复杂。对于详细的流场计算，可以采用二维或者三维 CFD 数值方法进行模拟，但该方法计算量大，耗费时间长。在热防护系统初步设计阶段，可以采用超燃冲压发动机准一维计算方法（也称准一维模型）来快速获得燃烧室主流参数分布，用来计算高温燃气向燃烧室壁面的传热。该方法能够考虑燃烧室的主要物理过程如燃烧释热、壁面摩擦、截面变化等，已经广泛应用于超燃冲压发动机性能计算与优化，具有计算效率高、成本低的特点，且精度能够满足前期设计要求。

2.2.1 燃烧室准一维控制方程

目前国内外学者对于超燃冲压发动机准一维计算方法的应用和研究已经开展了大量工作，本节主要基于影响系数法[129]，建立燃烧室的准一维分析模型。

燃烧室体积微元如图 2.2 所示，假设燃烧室内是定常准一维流动，即所有变量参数和燃烧室截面是轴向位置 x 的函数，且采用理想气体假设[21]，综合考虑燃烧室壁面摩擦、截面变化、燃料质量添加以及燃烧释热等作用，利用能量守恒方程、质量连续方程、动量守恒方程和理想气体状态方程，推导燃烧室气流参数，可得到主流马赫数、压力、温度沿流向坐标 x 的变化。

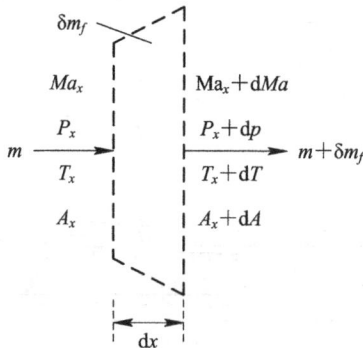

图 2.2 燃烧室体积微元示意图

控制方程如下[130]：

$$\frac{\mathrm{d}Ma}{Ma_x} = \left[\frac{1 + \frac{\gamma-1}{2}Ma_x^2}{Ma_x^2 - 1}\right]\frac{\mathrm{d}A}{A_x} - \left[\frac{(1 + \gamma Ma_x^2)}{2(Ma_x^2 - 1)}\right]\left[\frac{\mathrm{d}H - \delta Q_{\mathrm{loss}}}{c_p T_x}\right] -$$

$$\left[\frac{\gamma Ma_x^2\left(1 + \frac{\gamma-1}{2}Ma_x^2\right)}{Ma_x^2 - 1}\right]\left(\frac{4C_f\mathrm{d}x}{D_H} - 2y\,\frac{\mathrm{d}\dot{m}}{\dot{m}}\right) - \tag{2.1}$$

$$\left[\frac{(1 + \gamma Ma_x^2)\left(1 + \frac{\gamma-1}{2}Ma_x^2\right)}{2(Ma_x^2 - 1)}\right]\frac{\mathrm{d}\dot{m}}{\dot{m}}$$

$$\frac{\mathrm{d}p}{p_x} = -\frac{\gamma Ma_x^2}{Ma_x^2 - 1}\frac{\mathrm{d}A}{A} + \frac{\gamma Ma_x^2}{Ma_x^2 - 1}\left(\frac{\mathrm{d}H - \delta Q_{\mathrm{loss}}}{c_p T_x}\right) +$$

$$\left[\frac{\frac{\gamma Ma_x^2}{2}(1 + (\gamma-1)Ma_x^2)}{2(Ma_x^2 - 1)}\right]\left(\frac{4C_f\mathrm{d}x}{D_H} - 2y\,\frac{\mathrm{d}\dot{m}}{\dot{m}}\right) + \tag{2.2}$$

$$\left[\frac{2\gamma Ma_x^2\left(1 + \frac{\gamma-1}{2}Ma_x^2\right)}{Ma_x^2 - 1}\right]\frac{\mathrm{d}\dot{m}}{\dot{m}}$$

$$\frac{\mathrm{d}T}{T_x} = -\left(\frac{(\gamma-1)Ma_x^2}{Ma_x^2 - 1}\right)\frac{\mathrm{d}A}{A_x} + \left(\frac{\gamma Ma_x^2 - 1}{Ma_x^2 - 1}\right)\left(\frac{\mathrm{d}H - \delta Q_{\mathrm{loss}}}{c_p T_x}\right) +$$

$$\left[\frac{(\gamma(\gamma-1)Ma_x^4)}{2(Ma_x^2 - 1)}\right]\left(\frac{4C_f\mathrm{d}x}{D_H} - 2y\,\frac{\mathrm{d}\dot{m}}{\dot{m}}\right) +$$

$$\left[\frac{(1 + \gamma Ma_x^2)(\gamma-1)Ma_x^2}{Ma_x^2 - 1}\right]\frac{\mathrm{d}\dot{m}}{\dot{m}} \tag{2.3}$$

在控制方程中，A 为燃烧室截面积，C_f 为摩擦系数，γ 为比热比，D_H 为燃烧室的水力直径，δQ_{loss} 为壁面热量损失，y 为喷入燃料的流向速度分量与主流速度的比值，燃烧室截面变化 $\mathrm{d}A/A_x$ 可以根据所给燃烧室构型来确定。

燃烧室总焓变化 $\mathrm{d}H$ 主要由燃料燃烧释热和燃料注入温度与主流温度之差引起，即

$$\mathrm{d}H = \mathrm{d}H_u - \left(\mathrm{d}H_{f,tx} - \mathrm{d}H_{f,t} + \frac{u_x^2}{2}\right)\frac{\mathrm{d}\dot{m}}{\dot{m}} \tag{2.4}$$

式中 $\mathrm{d}H_{f,tx}$、$\mathrm{d}H_{f,t}$ 分别为燃料达到主流温度的焓值和燃料注入时的焓值，u_x 为主流速度，$\mathrm{d}H_u$ 为燃烧释放的化学反应热，$\mathrm{d}H_u = \dfrac{\mathrm{d}\dot{m}H_u\eta_b}{\dot{m}}$，$H_u$ 为燃料热值。

超燃冲压发动机燃烧室内的燃烧过程主要由混合过程来控制，只有与空气掺混的燃料才能进行燃烧反应，这里采用混合控制燃烧模型，燃烧效率 η_b 近似等于混合效率 η_m。但由于准一维模型无法计算燃料的实际湍流掺混过程，因此超声速燃烧室内的添质过程需用合适的混合模型来描述。碳氢燃料的混合效率经验公式为[25]

$$\eta_m(x) = \begin{cases} \dfrac{x}{L_m} & \text{平板喷射} \\[2mm] \left(\dfrac{x}{L_m} + \dfrac{1}{50 + 1000a}\right)^a & \text{垂直喷射} \\[2mm] \dfrac{1 - \mathrm{e}^{\frac{-Bx}{L_m}}}{\mathrm{e}^{-B}} & \text{支板喷射} \end{cases} \tag{2.5}$$

式中 x 为计算点到喷射点的距离，常数 $B = 1.77 \sim 3.4$，$a = 0.17 \sim 0.25$；L_m 为燃料与空气完全混合所需要的长度，当 x 达到混合长度 L_m 表示完全混合，混合效率为 1。L_m 表达式为

$$L_m = \begin{cases} 0.179 b C_m \mathrm{e}^{1.72\phi} & \phi \leqslant 1 \\ 3.333 b C_m \mathrm{e}^{-1.204\phi} & \phi > 1 \end{cases} \tag{2.6}$$

式中 b 为计算处燃烧室截面高度，ϕ 为燃料当量比，常数 $C_m = 25 \sim 60$。

由于超燃冲压发动机燃烧室内的摩擦系数较大不能忽略，因此应选取基于当量比和燃烧效率的经验公式来计算，即

$$C_f = 0.0018 + 0.001958\phi\eta_b + 0.00927(\phi\eta_b)^2 + 0.008525(\phi\eta_b)^3 \tag{2.7}$$

该准一维控制方程为常微分方程组，当燃料当量比、壁面摩擦系数、燃烧效率以及燃烧室入口流体状态参数已知时，可以应用四阶龙格-库塔法进行求解得到下一步空间参数，进而求出燃烧室内整个流场参数沿轴向 x 的分布规律。

2.2.2 燃烧室壁面热流计算

作为热防护与发电一体化系统的热源，壁面热流计算十分重要。在得到燃烧室内主流温度、压力与马赫数等参数分布后，就可以计算高温燃气向发动机壁面的传热来得到壁面热流分布。通常高温燃气向壁面的传热由对流换热和辐射传热两部分组成，文献[95]指出辐射产生的热流密度约为总热流的 $5.2\% \sim 7.8\%$，考虑到燃烧室几何尺寸等因素可以忽略辐射换热，因此这里只计算由对流换热引起的壁面热流密度。

可采用 Eckert 参考焓法[18]计算燃气与壁面的对流换热，该方法可以用来计算存在高速流动问题的壁面热流。参考焓表达式为

$$h^* = \frac{h_e + h_w}{2} + 0.22r \frac{u_e^2}{2} \tag{2.8}$$

其中 r 为恢复因子，其计算公式为

$$r = \sqrt[3]{Pr^*} = \sqrt[3]{\frac{\mu h^* c_p^*}{\lambda^*}} \tag{2.9}$$

根据对流换热公式

$$q_w = St^* \rho u_e^* (h_{aw} - h_w) \tag{2.10}$$

$$St = \frac{0.0287}{Pr^{*0.2} Re_x^{*0.4}} \tag{2.11}$$

则壁面热流密度为

$$q_w = \frac{0.0287 P_e u_e (h_{aw} - h_w)}{RT^* Pr^{*0.2} Re_x^{*0.4}} \tag{2.12}$$

其中 h_w 为气流在壁面温度时的焓值，h_{aw} 为绝热壁焓值，h_e 为中心气流的焓值。带 $*$ 的为参考温度 T^* 下的变量，参考温度可以根据参考焓得到。

在得到热流密度后，燃烧室壁面热量损失可以表示为

$$\delta Q_{\text{loss}} = \frac{q_w A_x \mathrm{d}x}{\dot{m}} \tag{2.13}$$

2.2.3　燃烧室准一维模型验证

本小节将对燃烧室准一维模型进行计算验证，通过与公开的 HyShot Ⅱ 飞行试验数据对比来验证模型的准确性。HyShot 计划是一个由澳大利亚主导的国际合作项目，在 2002 年成功进行了马赫数为 7.8、高度为 25～36 km 的氢燃料超声速燃烧飞行试验，得到大量试验数据[131]。

图 2.3 给出了 HyShot Ⅱ 飞行试验燃烧室构型，其燃烧室总长 0.447 m，入口高度为

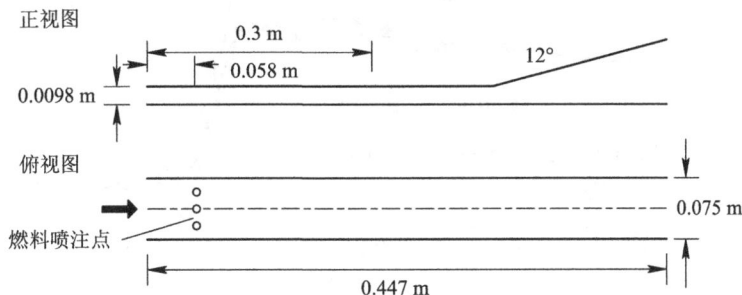

图 2.3　HyShot Ⅱ 飞行试验燃烧室构型示意图

0.0098 m，燃烧室宽 0.075 m。其中上壁面由等直段和扩张段构成，等直段长 0.3 m，扩张段水平长 0.147 m，扩张角为 12°，下壁面保持平直。采用氢燃料进行燃烧，燃料在距离入口 0.058 m 处注入。用来验证的燃烧室入口气流条件与文献[21]相同，分为有燃料燃烧和无燃料燃烧两种计算工况，表 2.1 给出了两种工况下入口气流参数。

表 2.1　HyShot Ⅱ 飞行试验燃烧室入口气流条件

工况	ϕ	Ma	T_0/K	P_0/kPa
1	0	2	1571	65.9
2	0.3	2	1528	73.76

　　燃烧室准一维模型计算结果和 HyShot Ⅱ 飞行试验数据对比如图 2.4 所示，燃烧室内压强采取无量纲化。从图中可以看出：没有燃料注入即当量比为 0 时，准一维模型计算的压强结果与试验数据吻合较好，表明该准一维模型能够很好地体现壁面摩擦效应和燃烧室截面变化对燃烧室通道内气体流动的影响；有燃料注入时，准一维模型也可以较好地预测燃烧室内压强的变化趋势，在燃料注入燃烧后燃烧室压强逐渐增加，虽然在燃烧室局部存在误差，但是整体趋势吻合较好，具有较好的精度。由于准一维模型不能捕捉激波和湍流等流场特征，因此燃烧室局部压力突变无法体现。总的来说，燃烧室准一维模型能够较好地反映燃烧室内流体参数的变化趋势，可以用来计算高温燃气向发动机壁面的传热。

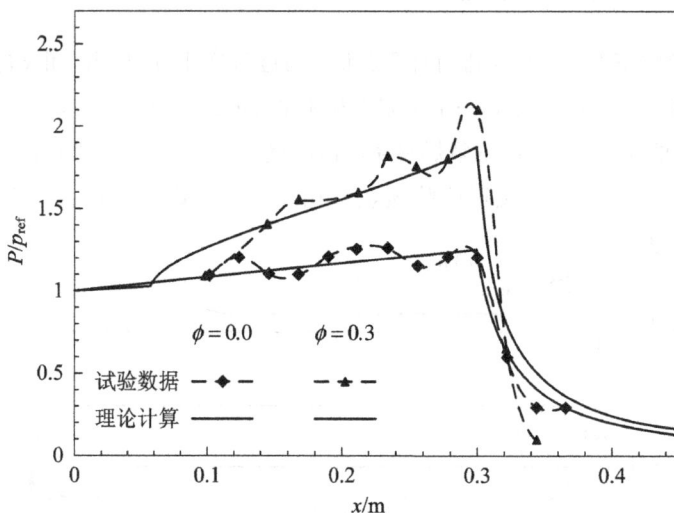

图 2.4　准一维模型与 HyShot Ⅱ 飞行试验结果燃烧室内压强对比

2.3　主动冷却通道模型与燃烧室耦合求解方法

2.3.1　主动冷却通道模型

采用主动冷却的超燃冲压发动机燃烧室外壁面分布有冷却通道,如图 2.5 所示,冷却工质流经该通道吸热来冷却发动机壁面。与使用碳氢燃料为工质的再生冷却不同,主动冷却采用超临界二氧化碳对发动机壁面进行冷却,不存在裂解等复杂物理过程,因此可以采用基于实验和经验得到的换热关系式来建立其冷却通道的一维换热模型,该模型能够迅速计算给定热流密度下壁面温度分布和冷却工质温度变化,可以对不同冷却流量以及冷却截面积对壁面温度分布的影响进行分析。

图 2.5　采用主动冷却的燃烧室壁面冷却通道分布示意图

目前采用主动冷却的超燃冲压发动机的冷却通道多为矩形通道,其几何结构如图 2.6 所示。对于单个冷却通道,可以用通道宽度 W、高度 H 和肋厚 t 来描述,发动机壁面厚度与壁面热流分别用 d 和 q_w 表示。本章冷却通道一维模型主要基于以下假设:

（1）冷却通道内流动充分发展;

（2）横截面上流动参数不变;

（3）燃烧室壁面的热量被冷却工质完全吸收,即不考虑壁面辐射热量损失;

（4）忽略壁面的轴向热传导。

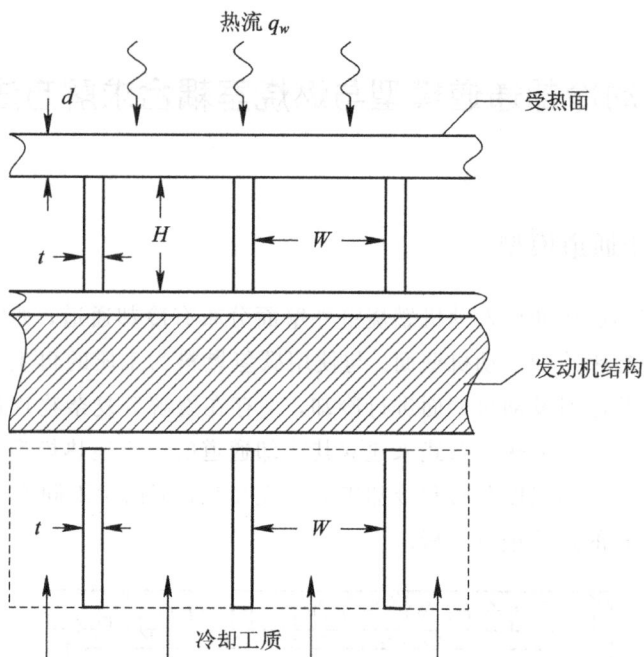

图 2.6 主动冷却通道几何结构图[69]

燃烧室壁面的热量通过热传导由内壁面传递到冷却通道冷却工质一侧，然后冷却工质通过对流换热将热量吸收，由于燃烧室壁面较薄，因此此过程可以看作稳态热传导，由傅里叶导热定律得

$$q_w = \frac{\lambda_w}{d}(T_w - T_{wc}) \tag{2.14}$$

其中 λ_w 为壁面的导热系数，T_w 为燃气侧壁面温度，T_{wc} 为靠近冷却工质侧燃烧室壁面温度。

燃烧室壁面冷却结构可以简化为由多个矩形通道组成的冷却面板，一般认为每个冷却通道流量和热流密度保持一致，即流量均匀分配，热流密度沿发动机周向均匀分布，因此通常选取单个通道建立一维换热模型来计算冷却通道内的对流换热，如图 2.7 所示，冷却通道长度 L 与燃烧室轴向长度相同。

超燃冲压发动机冷却通道为单面受热，取单个冷却通道一个控制单元，如图 2.7 下半部分所示。考虑温度和压力变化对冷却工质物性的影响，相关物性参数从 NIST 数据库调取[132]。给定冷却工质入口参数，在热流 $q_w(x_i)$ 的作用下，根据能量守恒方程，冷却通道出口焓为

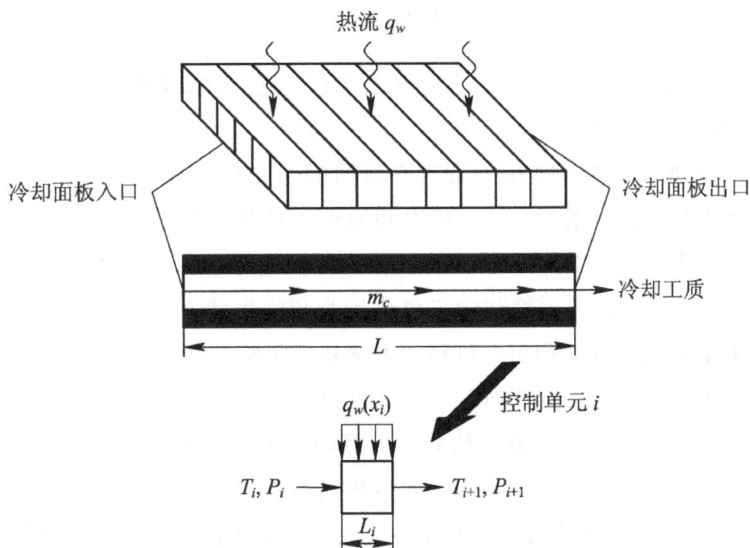

图 2.7　单个冷却通道模型

$$h_{i+1} = \frac{q_w(x_i) A_i}{m_c} + h_i \tag{2.15}$$

冷却工质质量流量表示为

$$m_c = \rho_i u_i W H \tag{2.16}$$

其中 $A_i = W L_i$ 为该控制单元的受热面积，h 为焓值，ρ 和 u 为密度和流速，下标 i 代表第 i 个控制单元。

在得到出口焓值后，就可以根据压力从 NIST 数据库中得到该焓值 h_{i+1} 和压力 p_{i+1} 下的温度，即控制单元的出口温度 T_{i+1}。当控制单元足够小时，压降较小，由于压力对温度和焓值影响较小，因此可以用入口压力 p_i 代替出口压力 p_{i+1} 来得到出口温度分布，即

$$T_{i+1} = f(h_{i+1}, p_{i+1}) \approx f(h_{i+1}, p_i) \tag{2.17}$$

冷却面板为多个冷却通道并联，其对流换热应考虑肋效应，此时壁面与冷却工质的换热方程为[133]

$$Q = h_c(T_{wc} - T_c) A_r + Q_{fin} A_f \tag{2.18}$$

$$Q_{fin} = h_c(T_{wc} - T_c) h_{fin} \tag{2.19}$$

$$\eta_{fin} = \frac{\tanh(n H_c)}{n H_c} \tag{2.20}$$

$$n = \sqrt{\frac{2 h_c}{\lambda_w t}} \tag{2.21}$$

$$H_c = H + \frac{t}{2} \tag{2.22}$$

其中 A_r 为肋片之间根部表面积，A_f 为肋片表面积，η_{fin} 为肋效率，λ_w 为冷却通道材料的导热系数，T_c 为冷却工质温度。

对于壁面冷却通道来说，冷却工质与壁面间的热交换主要是通过对流换热方式进行的，因此选取合适的换热关系式，对分析冷却通道内换热过程至关重要。超临界二氧化碳循环是工作在临界温度和临界压力以上的一种布雷顿循环，循环的最低压力和温度一般在临界点附近，进入壁面冷却通道换热的二氧化碳为超临界状态。许多学者开展了关于二氧化碳超临界压力下换热特性的研究，得到了大量基于实验数据的传热关联式[134]。

在基于超临界二氧化碳的超燃冲压发动机热防护与发电一体化系统中，二氧化碳在临界点附近经过压缩机压缩和回热器吸热后进入发动机壁面冷却通道吸热，其温度、压力已经分别远远高于临界点压力和温度，此时的传热类似于正常单相传热，可以选取经典格尼林斯基(Gnielinski)公式来计算对流换热系数。该公式适用范围广，通用性较强，计算精度高，便于分析比较[135]，其表达式为

$$\text{Nu} = \frac{\left(\dfrac{f}{8}\right)(Re - 1000) \cdot Pr}{1 + 12.7\sqrt{\dfrac{f}{8}}\,(Pr^{2/3} - 1)} \qquad 2300 \leqslant \text{Re} \leqslant 5 \times 10^6 \tag{2.23}$$

$$f = [1.82\lg(Re) - 1.64]^{-2} \tag{2.24}$$

采用二氧化碳为冷却工质，其密度远远小于碳氢燃料等液体，在冷却通道内有较大的流速，由摩擦阻力导致的压力损失不可忽略。同时对于热力循环来说，循环的压力变化会对整个系统的热效率产生影响。因此对于冷却通道管内的压力损失，一般使用 Darcye-Weisbach 公式来获得，即

$$\Delta p_i = f\,\frac{\rho_i L u_i^2}{2D} \tag{2.25}$$

当冷却通道冷却工质入口温度、压力和质量流量已知，利用以上公式可以求出控制单元 i 的冷却工质的出口温度、压降、压力、换热系数以及壁面温度，将这些参数作为下一单元 $i+1$ 的入口参数进行下一步求解，便可得到通道内冷却工质温度和壁面温度沿轴向的分布规律。

2.3.2 燃烧室耦合求解方法

在得到燃烧室准一维模型和冷却通道一维模型后，需要将两者联立起来对燃烧室耦合

求解。通过公式(2.12)可知计算发动机壁面热流需要给出燃气侧壁面温度分布,在得到热流密度后根据冷却通道计算模型可以计算出此时冷却通道冷却工质一侧的壁面温度的分布,该壁面温度通过壁面导热过程又可以得到燃气侧的壁温,如果不将这两个过程耦合起来求解,便会得到两种不同的壁面温度分布。

图 2.8 给出了采用主动冷却的燃烧室耦合求解流程图。该耦合求解的最终目标是得出能够满足冷却通道换热和燃烧室传热的热边界条件,即在该热流条件下,通过冷却通道求出的壁面温度分布与通过燃烧室模型求解该热流分布时所采用的壁面温度分布一致。

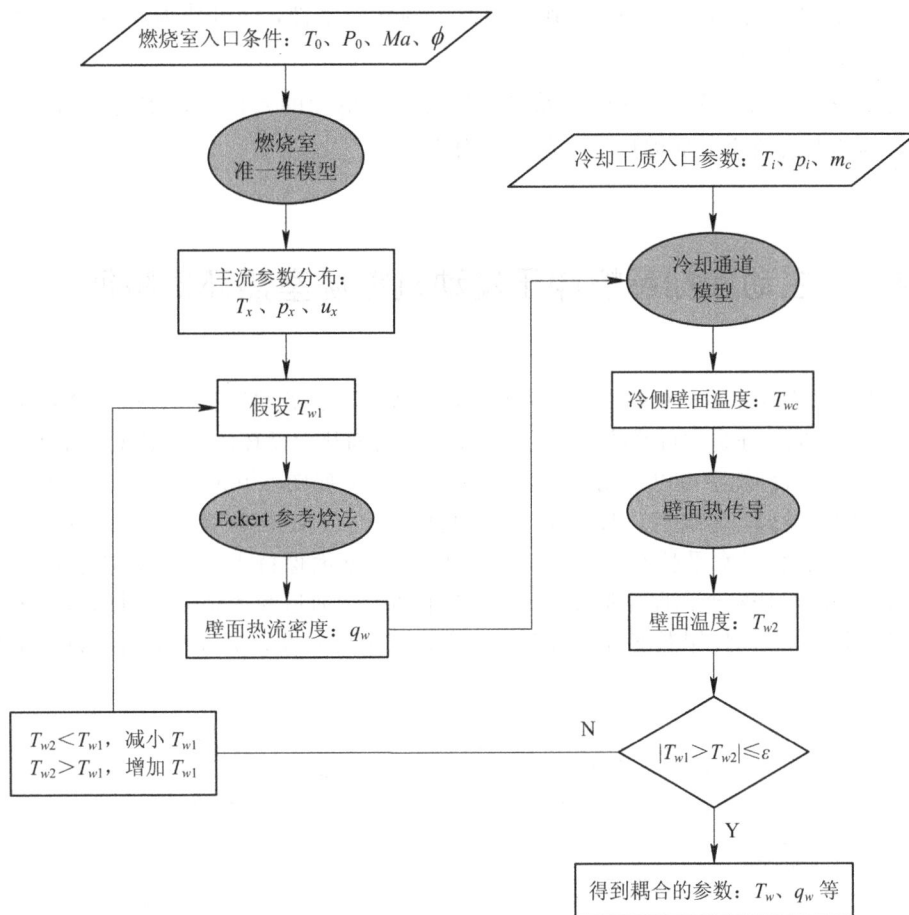

图 2.8 主动冷却燃烧室耦合求解过程流程图

首先将燃烧室和壁面冷却通道分为多个计算单元,给出燃烧室气流入口条件如温度、压力、马赫数以及燃料当量比,便可以通过燃烧室准一维模型求出该单元主流温度、马赫数以及压力。然后假定发动机壁面温度为 T_{w1}，则根据已得的气流参数就可通过 Eckert 参考焓法求出燃气向发动机壁面传热的壁面热流。最后通过给出冷却工质的初始条件，运用冷却通道模型求出在该壁面热流下冷却工质在通道内的换热过程，得到冷却工质一侧的壁温，进而根据壁面热传导过程求出新的壁面温度 T_{w2}。

当 $T_{w2} < T_{w1}$ 时，表明此时热流密度偏小，也就是初始假定的 T_{w1} 过高，此时减小 T_{w1} 重新计算壁面热流密度，并通过冷却通道模型得到新的 T_{w2}；同理，当 $T_{w2} > T_{w1}$ 时，表明此时热流密度偏大，也就是初始假定的 T_{w1} 偏小，此时增大 T_{w1} 重新进行计算。通过反复迭代计算，两者的差值不断减小，直到达到给定的残差条件，即可认为此时壁面温度和壁面热流为满足条件的壁面热环境。

在完成一个单元计算后，将该单元参数作为下一单元的入口条件重复上面计算流程，便可以得到整个燃烧室壁面温度分布与热流分布。

2.4 主动冷却超燃冲压发动机燃烧室热环境特征

主动冷却超燃冲压发动机燃烧室作为基于超临界二氧化碳热防护与发电一体化系统的热源，分析其热环境特征是进行系统设计的前提，对于后面热力循环的参数选取也至关重要。这里超燃冲压发动机燃烧室可以采用单级燃烧室设计[136]，如图 2.9 所示。其与 HyShot II 飞行试验燃烧室构型类似，燃烧室总长 1 m，入口高度为 0.1 m，燃烧室宽 0.125 m，上壁面等直段长 0.4 m，扩张段水平长 0.6 m，扩张角为 3°，下壁面保持平直，燃料喷注点距离燃烧室入口 0.08 m，燃烧室壁面厚度取 2 mm。其中主动冷却通道和燃烧室壁面选择导热性好的高温镍基合金，其最高使用温度可达 1250 K，考虑安全可靠性，发动机壁面最高工作温度可取 1200 K。

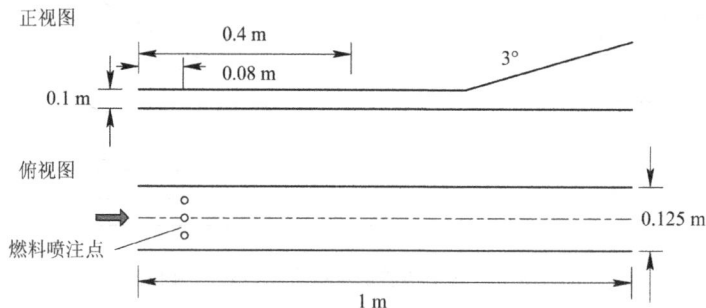

图 2.9　单级燃烧室构型

当以二氧化碳为冷却工质时，其一般经过压缩机压缩后才进入燃烧室壁面冷却通道吸热，因此通道入口处的二氧化碳温度和压力一般分别高于临界点温度与压力(304 K、7.3 MPa)。作为初步分析，入口压力取 10 MPa，温度取 320 K。

图 2.10 给出了燃烧室主流参数沿轴向变化曲线，所采用的燃烧室入口气流条件为马赫数 $Ma=2.5$，静温 $T_0=887$ K，静压 $p_0=76.8$ kPa，燃油当量比为 0.5，采取垂直喷注方式。从图中可以看出，当燃料注入进行燃烧后，由于燃烧释热的作用，主流温度和压力升高，马赫数减小。在燃烧室后半段，由于扩张角的存在，燃烧室截面积增加，此时面积增加的减压效应起主导作用，主流压力下降，马赫数缓慢上升。

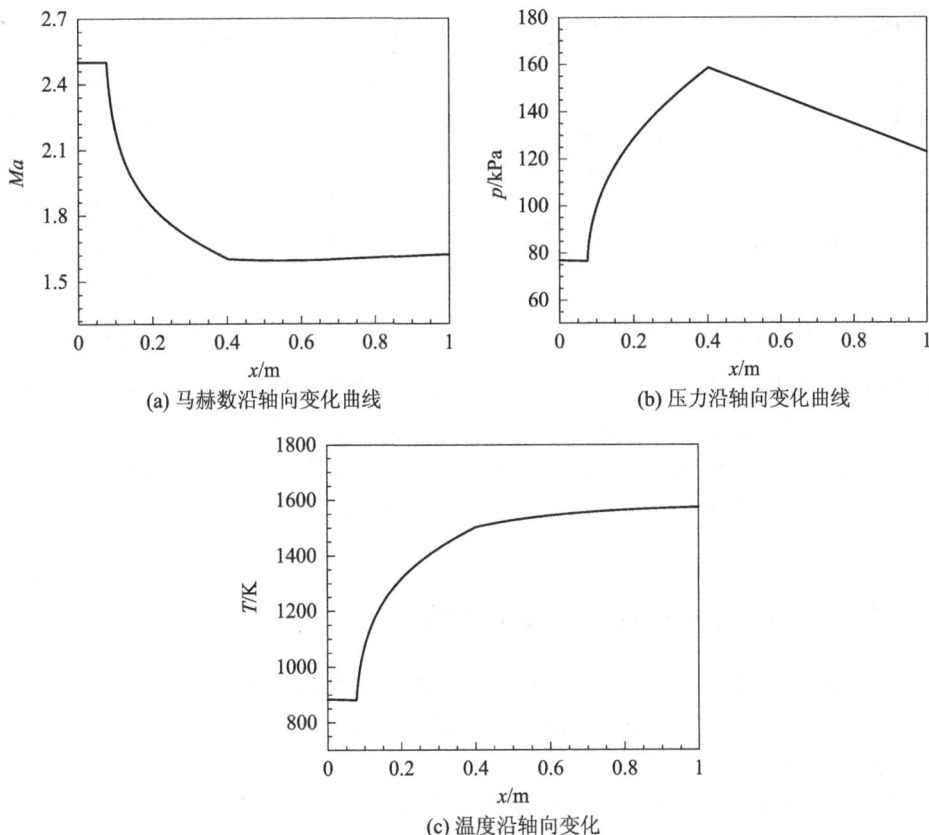

(a) 马赫数沿轴向变化曲线　　　　　(b) 压力沿轴向变化曲线

(c) 温度沿轴向变化

图 2.10　燃烧室主流参数沿轴向变化曲线

为了分析采用主动冷却的燃烧室壁面热环境特点，这里给出两种壁温条件来求解热流密度：(1) 定壁温为 1000 K，即不考虑主动冷却，壁温恒定为 1000 K；(2) 考虑主动冷却，壁面最高温度为 1000 K。两种工况下壁面热流分布如图 2.11 所示。由图可知，在相同的壁面最高温度下，采用主动冷却的燃烧室壁面热流高于恒定壁温的壁面热流；同时壁面热流的分布与燃烧室燃烧过程息息相关,当燃料注入燃烧时,燃烧释热作用使主流温度增加,引起壁面热流密度增大。图 2.12 给出了壁面温度变化规律,由于冷却工质刚进入壁面冷却通道进行冷却时温度较低,因此入口处的壁面温度也较低,此时壁面热流密度远大于恒定壁温时的热流。随着冷却工质不断吸热升温,壁面温度也逐渐升高,此时热流密度与恒定壁温时的热流密度差距减小。在达到最高温度 1000 K 时,两者热流密度基本相同。

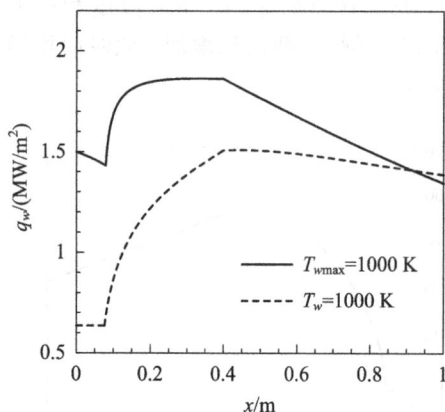

图 2.11 壁面热流分布

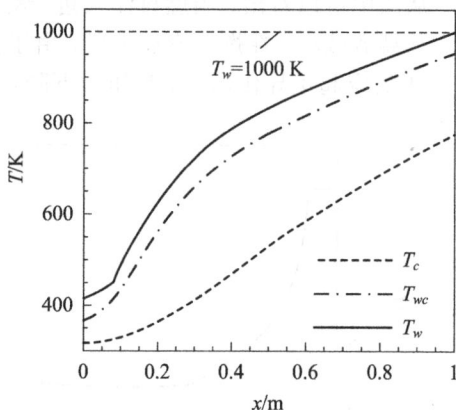

图 2.12 壁面温度变化规律

由此可见,采用主动冷却的燃烧室壁面热流密度会随着壁面温度的不同而改变,这也是采用主动冷却的燃烧室热环境的重要特征。而壁面热流密度的大小变化会引起需要吸收的总热量的改变,从而改变循环的热边界条件,因此不能用恒定壁温下的热流或者给定的壁面热流来作为超燃冲压发动机热防护与发电一体化系统的热源进行分析,且必须考虑两者的相互影响。

2.4.1 冷却工质流量对壁面热环境的影响

与采用燃料的再生冷却相比,本书提出的超燃冲压发动机热防护与发电一体化系统以二氧化碳作为冷却工质,其流量大小可以根据需求灵活选取,因此对流量改变时燃烧室热环境的变化进行分析十分必要。

不同冷却工质流量下燃烧室壁面与冷却工质温度和热流密度分布分别如图 2.13 和图 2.14 所示。从图 2.13 可知,当二氧化碳流量减小时,冷却工质吸热后温升增加,出口温度升高,壁面最高温度也增加,如当工质流量为 0.76 kg/s 时壁面温度已经高达 1200 K。从图 2.14 可知,二氧化碳流量越小,壁面热流密度也越小,这是由于壁温增加引起热流密度减小;同时还可以看出燃烧室壁面热流密度分布具有不均匀性,其变化趋势受到壁面温度和燃烧效应共同影响,最大热流密度一般出现在燃烧释热强烈的地方,最小热流密度受到壁面温度的影响,一般出现在燃烧室入口段或者出口段。

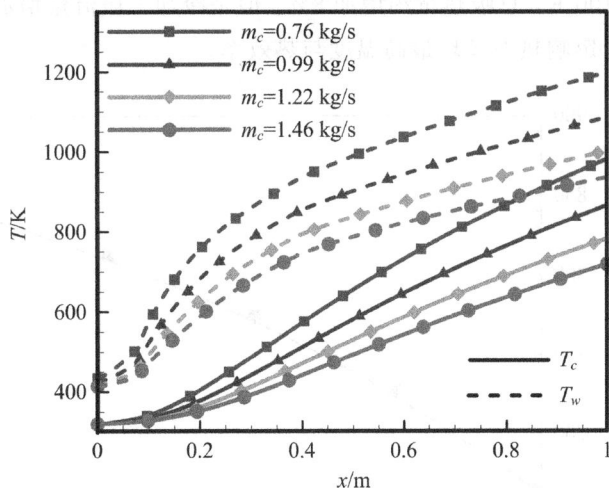

图 2.13　不同冷却工质流量下壁面与冷却工质温度分布

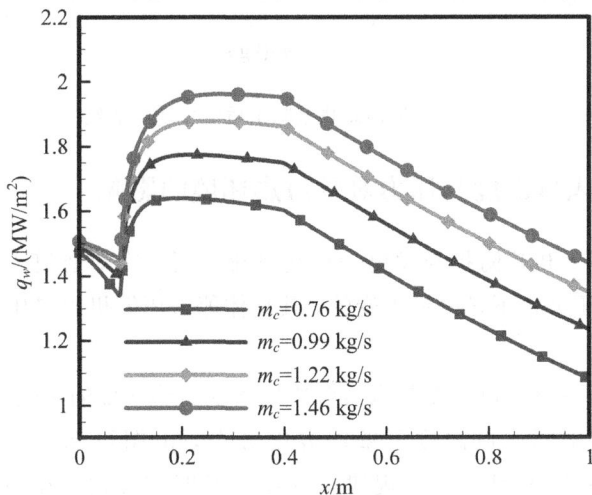

图 2.14　不同冷却工质流量下壁面热流密度分布

再生冷却设计时一般使壁面温度尽可能的高来减小热流密度,以减轻燃料的冷却压力。而超燃冲压发动机热防护与发电一体化系统的冷却工质经过发动机壁面吸热后还要经过循环做功,壁面热流密度越大,代表吸收的壁面热量越多,可利用的热量越多,电能输出功率也相对较大。如图 2.15 所示,随着冷却工质流量的增加,冷却工质吸收的壁面总热量也在增加。以本节给出的燃烧室工况为例,与壁面最高温度为 1200 K 时的总热量相比,壁温最高温度每降低 100 K,总吸热量约增加 8%。但是冷却工质流量增加同时也会引起冷却工质出口温度降低,影响热力循环最高温度与热效率。

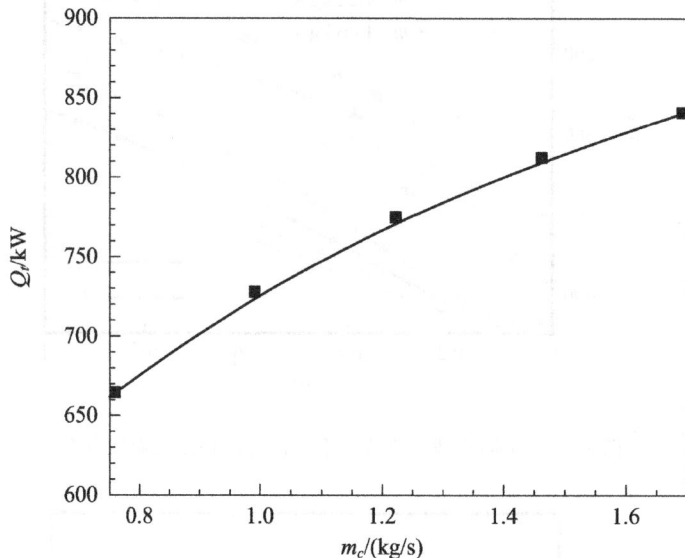

图 2.15 壁面总热量随工质流量变化曲线

2.4.2 冷却工质入口温度与压力对壁面热环境的影响

对于超燃冲压发动机热防护与发电一体化系统来说,冷却通道入口处的二氧化碳(即冷却工质)的温度和压力也不是一成不变的,其具体值与压缩机出口压力和温度有关,并受到循环参数的影响。

下面将简单分析一下入口温度与压力对燃烧室壁面热环境的影响。

图 2.16 给出了不同入口温度下壁面温度分布,由图可知入口温度会影响冷却通道内冷却工质温度和壁面温度变化规律。当入口温度增加时,相应的工质温度和壁面温度会同步增加,增加数值约等于入口温度增加值。也就是说,在相同冷却工质流量下,入口温度的增加会导致壁面温度升高。不同入口温度下热流密度分布如图 2.17 所示,冷却工质入口温度增加时,因壁面温度升高,导致热流密度降低。当入口温度增加到 560 K 时,此时最大的热流密度比入口温度为 320 K 的最小热流密度还小。与改变冷却工质流量引起壁面热流密度的变化不同,改变入口温度可以整体改变热流密度和壁温的幅值。

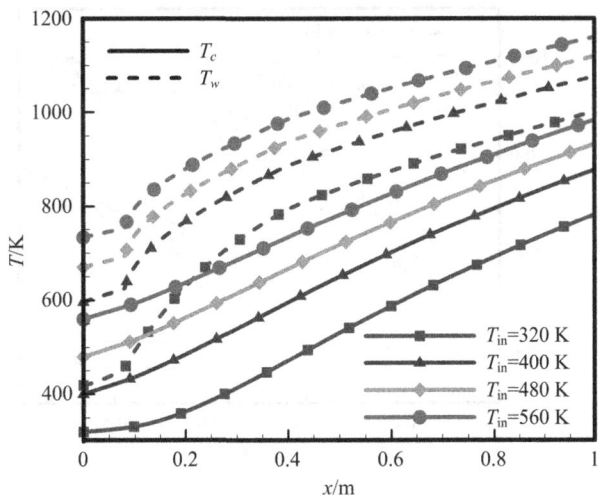

图 2.16　不同入口温度下壁面与冷却工质温度分布

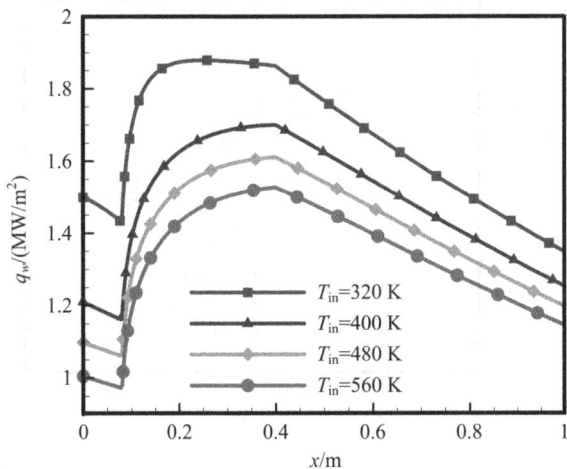

图 2.17　不同入口温度下壁面热流密度分布

图 2.18 和图 2.19 分别给出了入口压力从 8 MPa 增加到 14 MPa 时的壁面与冷却工质温度分布以及壁面热流密度分布，总体来讲，与入口温度的影响相比，入口压力对冷却工质与壁面温度的分布影响较小。随着压力增加，二氧化碳出口温度以及壁面最高温度略有下降，这是因为压力的增加会引起二氧化碳比热容增加，温度上升缓慢。由于壁面温度变化范围不大，因此不同压力下的壁面热流密度变化也比较小，总体趋势表现为热流密度随着压力增加而增大。

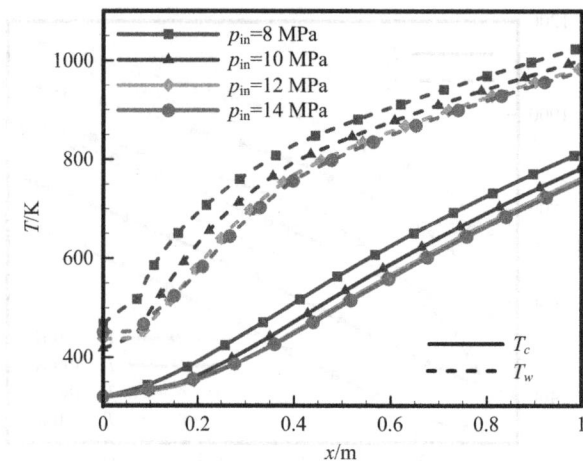

图 2.18　不同入口压力下壁面与工质温度分布

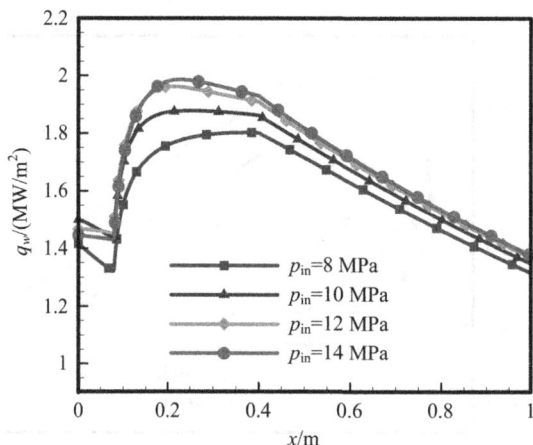

图 2.19　不同入口压力下壁面热流密度分布

　　值得注意的是，入口压力的改变对入口段的壁面温度分布规律影响相对来说复杂一些。图 2.20 给出了不同压力下入口段壁面温度分布，可以看出入口段壁面温度并没有随着压力增大呈现单纯的增加或者减小，压力为 8 MPa 时壁面温度最高，10 MPa 时壁面温度最低。在入口段冷却工质温度相差不大的情况下壁面温度主要与对流换热系数有关，图 2.21 给出了不同压力下入口段二氧化碳对流换热系数变化曲线。由图可知：在入口段不同压力下二氧化碳对流换热系数变化较大，在 8 MPa 和 10 MPa 时单调下降，且 8 MPa 时最小，10 MPa 时最大，因此，压力为 8 MPa 时壁面温度最高，10 MPa 时壁面温度最低；而在 12 MPa 和 14 MPa 时对流换热系数先增大然后再减小,在冷却通道后半段在这 4 种压力下对流换热系数趋于一致。

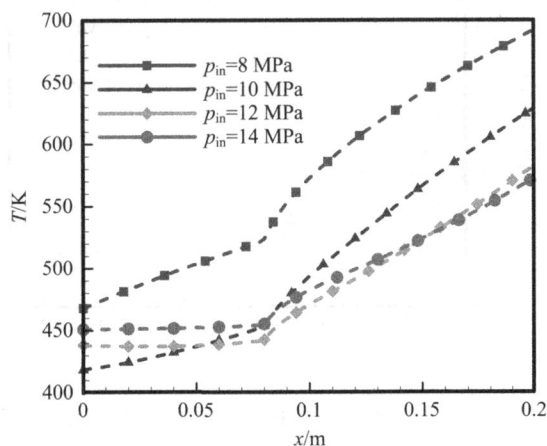

图 2.20　不同压力下入口段壁面温度分布

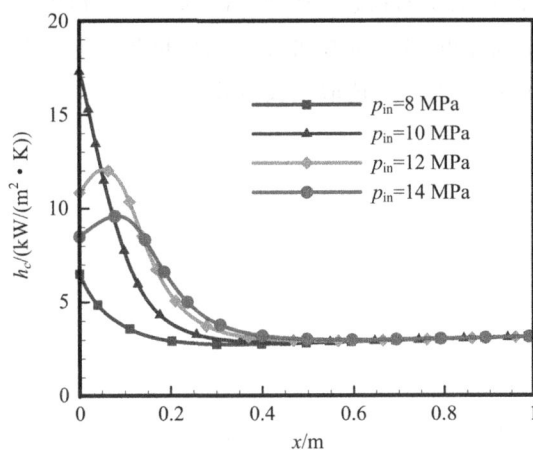

图 2.21　不同压力下入口段二氧化碳对流换热系数变化曲线

　　造成以上现象的原因在于超临界流体存在"拟临界点",即当压力大于临界压力时,定压比热最大值所对应的温度。图 2.22 给出了不同压力下二氧化碳比热容变化,可以看出压力为 12 MPa 和 14 MPa 时拟临界温度大于 320 K,因此比热容出现先增大后减小的变化趋势,引起对应的对流换热系数变化;当压力在 8 MPa 和 10 MPa 时拟临界温度低于 320 K,因此比热容呈现单调递减趋势,相应的对流换热系数也单调下降。

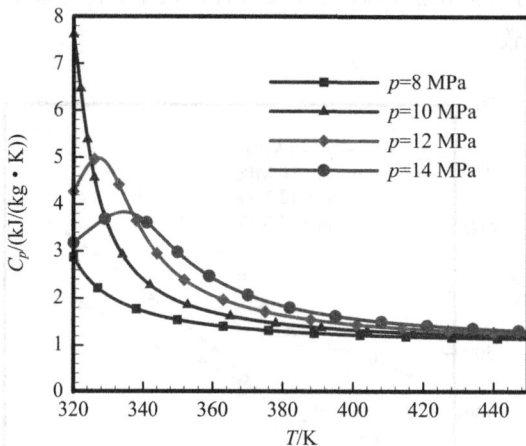

图 2.22　不同压力下二氧化碳比热容变化

　　总的来说,超燃冲压发动机燃烧室热环境与冷却通道内冷却工质的参数变化息息相关,当冷却工质的流量、入口温度与压力改变时会引起热环境的变化,热环境的改变又会反过来影响冷却通道内冷却工质的状态,特别是冷却工质出口温度与压力的变化。而超临界流体的临界压力和"拟临界点"作为超燃冲压发动机热防护与发电一体化系统中压力与温度最高的点,对循环性能以及参数的选取至关重要。

第 3 章　超临界二氧化碳布雷顿循环特性分析

3.1　引言

　　超临界二氧化碳布雷顿循环是一种以二氧化碳为工质的闭式循环，根据其结构的不同，从简单到复杂分为简单超临界二氧化碳布雷顿循环、回热超临界二氧化碳布雷顿循环以及再压缩超临界二氧化碳布雷顿循环，其他更为复杂的循环多为针对不同应用领域对以上三种循环进行的改进和优化。下面对这三种具有代表性的循环结构进行建模，分析其热力过程，并比较超临界二氧化碳相对于其他典型气体工质的优缺点。其中对目前效率较高的再压缩超临界二氧化碳布雷顿循环进行深入分析，研究其参数变化规律以及对循环性能的影响。

3.2　超临界二氧化碳布雷顿循环模型建立

　　超临界二氧化碳布雷顿循环(以下简称为超临界二氧化碳循环)是以惰性气体为工质的热力循环，与朗肯循环不同，其运行过程中不涉及相变，一般包括等熵压缩、等压吸热、等熵膨胀和等压放热等过程。相关学者为了提高超临界二氧化碳循环效率，引入了回热器、级间压缩、级间冷却与再热等改进措施。超临界二氧化碳循环模型建立基于以下几点假设：

　　(1) 循环运行达到稳态；

　　(2) 忽略循环整体与外界环境的热量交换；

（3）忽略管道以及连接处的压力损失；

（4）不考虑工质与热源和冷源的具体换热过程。

3.2.1 简单超临界二氧化碳布雷顿循环

简单超临界二氧化碳布雷顿循环（简称简单超临界二氧化碳循环）结构示意图如图 3.1 所示，由涡轮、预冷器（冷源）、压缩机、加热器（热源）组成。高温高压工质经过透平膨胀做功后温度与压力降低，然后经过预冷器冷却后低温低压工质通过压缩机压缩增压，高压工质经过加热器加热再次流入涡轮形成闭式循环。该循环工质温熵图（T-S）如图 3.2 所示，图中数字代表各个状态点。下面介绍简单超临界二氧化碳循环的主要建模过程。

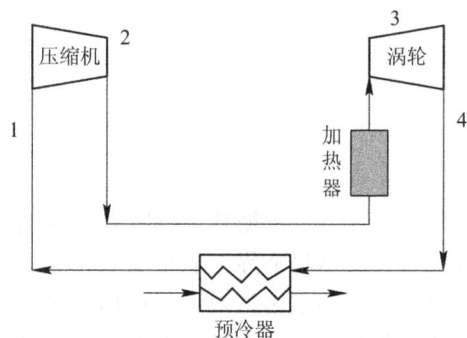

图 3.1 简单超临界二氧化碳循环结构示意图

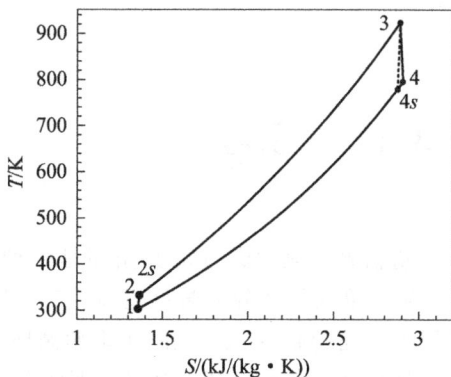

图 3.2 简单超临界二氧化碳循环工质温熵图

对于压缩机和透平等涡轮机械，采用等熵模型，用等熵效率表示其性能，压缩和膨胀过程可分别表示为[137]

$$\eta_c = \frac{h_{2s} - h_1}{h_2 - h_1} \tag{3.1}$$

$$\eta_t = \frac{h_3 - h_4}{h_3 - h_{4s}} \tag{3.2}$$

涡轮输出功为

$$W_t = m_c \eta_t (h_3 - h_{4s}) = m_c (h_3 - h_4) \tag{3.3}$$

压缩机消耗功为

$$W_c = \frac{m_c (h_{2s} - h_1)}{\eta_c} = m_c (h_2 - h_1) \tag{3.4}$$

循环从热源吸收的热量为

$$Q_t = m_c(h_3 - h_2) \tag{3.5}$$

则循环的热效率为

$$\eta_{th} = \frac{W_{out}}{Q_t} = \frac{W_t - W_c}{Q_t} \tag{3.6}$$

其中 s 代表理想等熵过程，h 为比焓，η_t 和 η_c 分别为涡轮和压缩机等熵效率。另外，工质的物性可以从 NIST 数据库中获得，各点的焓值可以根据温度与压力确定。

作为初步分析，涡轮入口处压力与温度分别取 20 MPa、650℃。二氧化碳的临界点温度和压力分别为 31.08℃、7.38 MPa[120]，但是为了保证循环的稳定性避免其在临界点物性突变给压缩机带来运行困难，压缩机入口温度和压力一般应稍微高于临界点。这里综合考虑效率和稳定性，压缩机入口温度取 32℃，压力取 7.6 MPa。根据文献[107]，涡轮等熵效率取 0.93，压缩机效率取 0.89。为了分析简单超临界二氧化碳循环的特点，同时取氦气和氮气两种工质进行计算对比，工质流量取 1 kg/s。

表 3.1 给出了简单超临界二氧化碳循环主要参数的计算结果，从表中可以看出超临界二氧化碳（CO_2）在临界点附近表现出压缩功低的特性，压缩机消耗的功大约只有氦气（He）和氮气（N_2）的 1/5 与 1/41。但是在相同的压比下，超临界二氧化碳经过涡轮膨胀后温度较高，因此其膨胀功也较低，导致其净输出功较低。加上压缩机出口温度较低，总的吸热量高，因此超临界二氧化碳循环热效率在三种工质（CO_2、N_2、He）中最低，比最高的氦气循环低了 9.53%。

总的来说，虽然超临界二氧化碳在临界点附近具有压缩功低的特性，但是对于简单循环结构来说其循环的热效率不高，不如氦气和氮气循环。

表 3.1　简单超临界二氧化碳循环主要参数对比

工质	T_2/K	T_4/K	W_c/kW	W_t/kW	W_{out}/kW	Q_t/kW	η_{th}/%
CO_2	336.1	795.3	21.2	148.2	127.0	830.1	15.3
N_2	416.1	729.6	118.7	228.9	110.2	580.7	19.0
He	466.8	648.6	879.6	1460.2	533.5	2369.8	24.5

3.2.2　回热超临界二氧化碳布雷顿循环

考虑到简单超临界二氧化碳布雷顿循环涡轮出口温度较高，工质携带的大量余热排到冷源中造成浪费，如果将涡轮出口的工质与压缩机出口的工质进行换热，这部分热量便可以得到利用，既减少了向冷源的散热，又可以降低从热源的吸热，进而提高循环热效率，即构成回热超临界二氧化碳布雷顿循环，结构示意图如图 3.3 所示。该循环通过在简单超临界二氧化碳布雷顿循环结构中增加一个回热器，涡轮出来的低压高温工质与从压缩机出来的高压低温工质进行换热，使循环放热温度降低为 T_5，吸热温度增加为 T_6 来提高循环热效率，其循环温熵图(T-S)如图 3.4 所示。

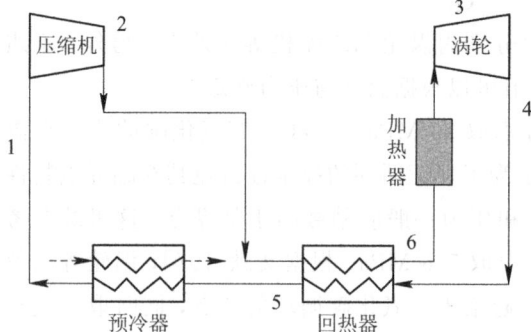

图 3.3　回热超临界二氧化碳循环结构示意图

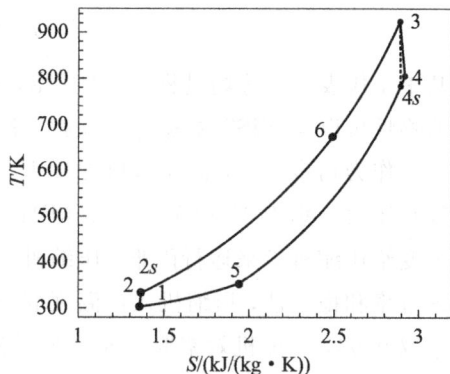

图 3.4　回热超临界二氧化碳循环温熵图

回热器能量平衡方程为

$$h_6 - h_2 = h_4 - h_5 \tag{3.7}$$

这里采用回热效能来表示回热器换热性能，其定义为回热器中实际的换热量与理论上最大的换热量的比值[137]，即有

$$\varepsilon_{\mathrm{REC}} = \frac{\dot{Q}_{\mathrm{act}}}{\min(\dot{Q}_{\mathrm{hot,\ max}}, \dot{Q}_{\mathrm{cold,\ max}})} \tag{3.8}$$

其中冷热流体的最大理论换热量为

$$\dot{Q}_{\mathrm{hot,\ max}} = \dot{m}_{\mathrm{hot}}(h_{\mathrm{hot,\ in}} - h_{\mathrm{hot,\ out,\ max}}) \tag{3.9}$$

$$\dot{Q}_{\mathrm{cold,\ max}} = \dot{m}_{\mathrm{cold}}(h_{\mathrm{cold,\ in,\ min}} - h_{\mathrm{hot,\ out}}) \tag{3.10}$$

对于图 3.3 所示结构则具体为

$$\varepsilon_{\mathrm{REC}} = \frac{h_6 - h_2}{\min(h_4 - h(T_2, p_5), h(T_4, p_6) - h_2)} = \frac{h_4 - h_5}{\min(h_4 - h(T_2, p_5), h(T_4, p_6) - h_2)} \tag{3.11}$$

回热临界二氧化碳布雷顿循环的其他部件模型与简单超临界二氧化碳布雷顿循环的相同，这里不再赘述。

表 3.2 给出了回热超临界二氧化碳布雷顿循环的主要参数计算结果，其中回热器回热效率取 95%，其他参数与上小节保持一致。由于压缩机入口温度与压力以及涡轮入口温度与压力没有改变，因此与简单超临界二氧化碳布雷顿循环相比，回热超临界二氧化碳布雷顿循环压缩机消耗功、涡轮输出功以及循环净输出功没有变化。但是由于加入回热器后循环的吸热量大幅下降，因此在 CO_2、H_2、He 三种工质下循环热效率都显著增加。对于二氧化碳循环来说，虽然热效率已经超过氦气循环，但依旧低于氮气循环。

表 3.2　回热超临界二氧化碳循环主要参数对比

工质	T_2/K	T_4/K	T_5/K	T_6/K	W_c/kW	W_t/kW	W_{out}/kW	Q_t/kW	$\eta_{th}/\%$
CO_2	336.1	795.3	353.5	670.7	21.2	148.2	127.0	312.0	40.7
N_2	416.1	729.6	431.8	704.5	118.7	228.9	110.2	252.2	43.7
He	466.8	648.6	475.9	639.7	879.6	1460.2	533.5	1350.6	39.5

　　图 3.5 给出了回热器内超临界二氧化碳的温度分布,横坐标采用无量纲的焓值(归一化焓值)表示,起始位置 0 代表冷流体的入口(热流体的出口),1 代表冷流体的出口(热流体的入口)。由图可知低压侧的热流体出口温度与高压侧冷流体的入口温度相差 17 K,而高压侧冷流体出口温度与低压侧热流体的入口温度却相差 124 K。即对于低压侧热流体,可以被冷却到很低的温度,而对于高压侧冷流体,只能被加热到 670.7 K,与热流体入口温度有较大差距,也就是说换热器中平均温差较大,热量没有得到充分利用。

　　对于回热器中流体的换热,端部温差主要受到两侧流体比热容影响,最小温差(夹点)一般出现在比热容大的流体入口一侧,图 3.6 给出了回热器内冷热流体的比热容分布。对于超临界二氧化碳来说,在拟临界点附近比热容较大,因此回热器中高压侧冷流体比热容大于低压侧热流体比热容,最小温差出现在冷流体的入口,该温差会随着换热过程的进行越来越大,在冷流体的出口处达到最大值。

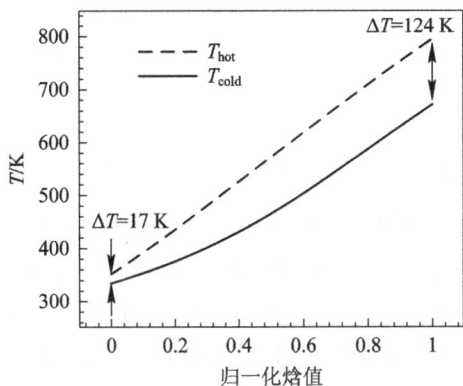

图 3.5　回热器内超临界二氧化碳温度分布

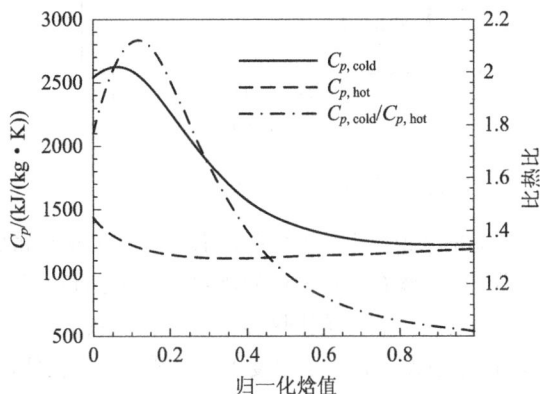

图 3.6　回热器内超临界二氧化碳比热容分布

　　图 3.7～图 3.10 分别给出了以氮气和氦气为工质时回热器内流体的温度分布以及比热容变化。由于氮气和氦气的比热容受到温度及压力影响较小,图中回热器两侧的流体比热容基本相同,比值约等于 1,因此回热器两端冷热流体温差较小,平均换热温差也较小。特别是对于氦气来说,回热器两端温差基本相同,分别为 8.9 K 与 9.1 K。

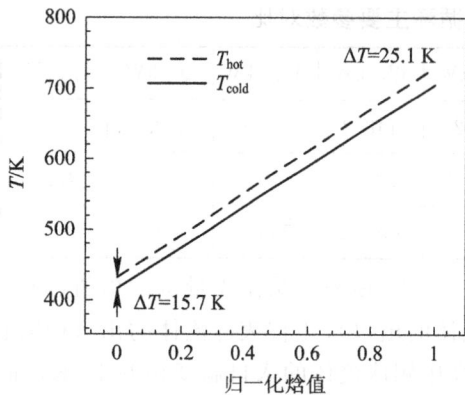

图 3.7 回热器内氦气温度分布

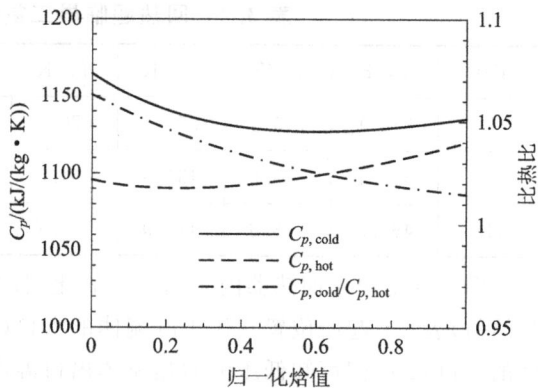

图 3.8 回热器内氦气比热容分布

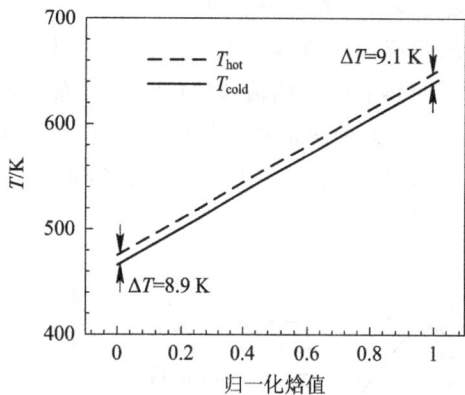

图 3.9 回热器内氮气温度分布

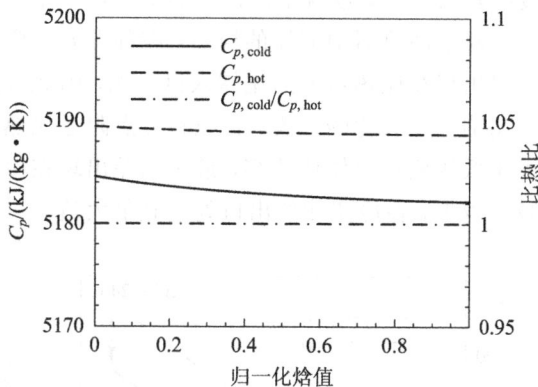

图 3.10 回热器内氮气比热容分布

总的来说，相对于简单超临界二氧化碳布雷顿循环，回热器的加入虽然大幅提高了回热超临界二氧化碳布雷顿循环的热效率，但是此时的循环与其他工质相比在热效率方面并没有优势。由于超临界二氧化碳比热容受压力影响较大，这导致回热器冷热流体温差较大，受到夹点温差影响，加热器入口工质温度不高，循环效率较低，因此与氦气和氮气相比还有很大的提升空间。

3.2.3 再压缩超临界二氧化碳布雷顿循环

从上节分析可知，由于超临界二氧化碳比热容受到压力影响较大，特别是在拟临界点附近波动剧烈，采用单个回热器时两侧流体平均温差较大，循环效率较低。为了进一步提高超临界二氧化碳布雷顿循环的效率，Feher 和 Angelino 等人[104-105]对循环结构进行改进，提出了再压缩超临界二氧化碳布雷顿循环(简称再压缩超临界二氧化碳循环)，通过将工质分流来使回热器两侧冷热流体热容率匹配，提高回热效果，同时通过引入额外的压缩机来减少循环向冷源的放热，进而增加循环热效率。

再压缩超临界二氧化碳循环结构示意图和温熵($T\text{-}S$)图分别如图 3.11 和图 3.12 所示。与回热超临界二氧化碳循环相比，再压缩超临界二氧化碳循环将回热过程用高温回热器(HTR)和低温回热器(LTR)两个回热器来完成，并增加了一个压缩机。其具体工作过程为：超临界二氧化碳在加热器内吸热温度升高(状态点 3)，高温高压工质经过涡轮膨胀输出功后温度和压力降低(状态点 7)，然后依次流入高温回热器(HTR)和低温回热器(LTR)与冷侧流体换热后温度再次降低(状态点 5)。在进入预冷器前该主流被分为两部分，一部分进入预冷器冷却后(状态点 1)经主压缩机(MC)压缩(状态点 2)，然后流入低温回热器吸热，另一部分直接流入再压缩机(RC)压缩，这两股流体(6a 和 6b)在低温回热器冷侧流体出口处汇合，混合后的工质(状态点 6)进入高温回热器吸热，然后经过加热器加热再次流入涡轮做功，完成整个循环。

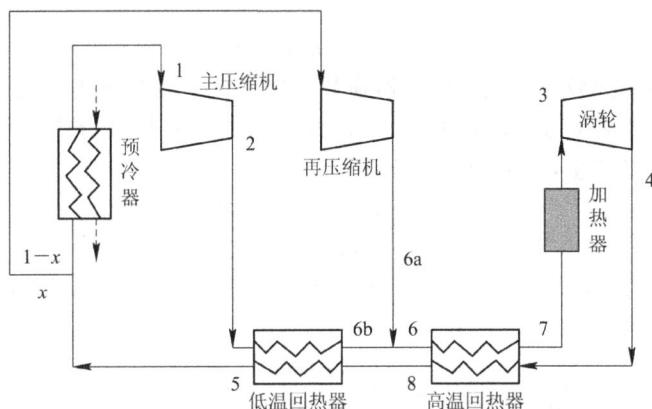

图 3.11　再压缩超临界二氧化碳循环结构示意图

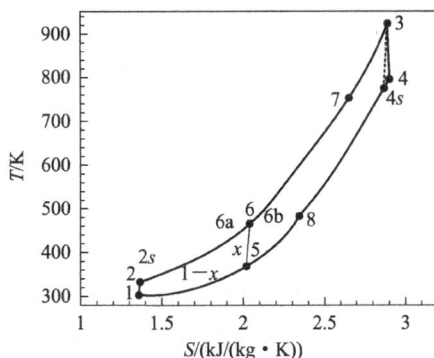

图 3.12　再压缩超临界二氧化碳循环 $T\text{-}S$ 图

对于再压缩超临界二氧化碳循环,分流比(Split Ratio)是一个重要参数,这里定义为流经再压缩机工质流量的比例,用字母 x 表示,其表达式为

$$x = \frac{\dot{m}_{rc}}{\dot{m}_{mc} + \dot{m}_{rc}} \tag{3.12}$$

压缩机和涡轮用等熵效率表示其性能,即有

$$\eta_{mc} = \frac{h_{2s} - h_1}{h_2 - h_1} \tag{3.13}$$

$$\eta_{rc} = \frac{h_{6as} - h_1}{h_{6a} - h_5} \tag{3.14}$$

$$\eta_t = \frac{h_3 - h_4}{h_3 - h_{4s}} \tag{3.15}$$

高温回热器和低温回热器能量守恒方程分别为

$$h_4 - h_8 = h_7 - h_6 \tag{3.16}$$

$$(1-x)(h_{6b} - h_2) = h_8 - h_5 \tag{3.17}$$

这里同样采用回热效能来表示回热器换热性能。对于高温回热器来说,两侧流体质量流量相同,但热流体侧压力低,比热容小,因此理论最大换热量为热流体出口温度等于冷流体入口温度时的换热量,其回热效率为

$$\varepsilon_{HTR} = \frac{h_7 - h_6}{h_4 - h(T_6, p_8)} = \frac{h_4 - h_8}{h_4 - h(T_6, p_8)} \tag{3.18}$$

对于低温回热器,由于两侧流体质量流量受到分流比的影响,因此其理论最大换热量与分流比有关,回热效率为

$$\varepsilon_{LTR} = \frac{(1-x)(h_{6b} - h_2)}{\min(h_8 - h(T_2, p_5), (1-x)(h(T_8, p_6) - h_2))} \tag{3.19}$$

汇合点 6 处的焓值用能量守恒方程来计算,即有

$$h_6 = xh_{6a} + (1-x)h_{6b} \tag{3.20}$$

循环的热效率为

$$\eta_{th} = \frac{W_t - W_{mc} - W_{rc}}{Q_t} = \frac{(h_3 - h_4) - (1-x)(h_2 - h_1) - x(h_{6a} - h_5)}{h_3 - h_7} \tag{3.21}$$

或表示为

$$\eta_{th} = 1 - \frac{x(h_5 - h_1)}{h_3 - h_7} \tag{3.22}$$

当知道压缩机入口工质参数、涡轮入口处参数以及回热器的回热度,便可以求解不同分流比下此循环的参数以及热效率,计算流程如图 3.13 所示。首先根据涡轮和主压缩机效率求出压缩机出口参数与涡轮出口参数,并假设 T_5 从而得到再压缩机出口参数 T_{6a}。然后假设 T_8 得到低温回热器效率,与给定的值进行比较,当误差大于设定误差时改变 T_8 重新进行计算,直到得到

满足计算误差的低温回热器效率。接着根据式(3.16)和式(3.20)计算高温回热器两端参数,得到高温回热器回热度并与给定值比较,当误差大于设定误差时重新改变 T_5 进行计算,直到得到满足计算误差的高温回热器效率。最后求出在给定压比下循环各个点的参数并计算循环热效率。

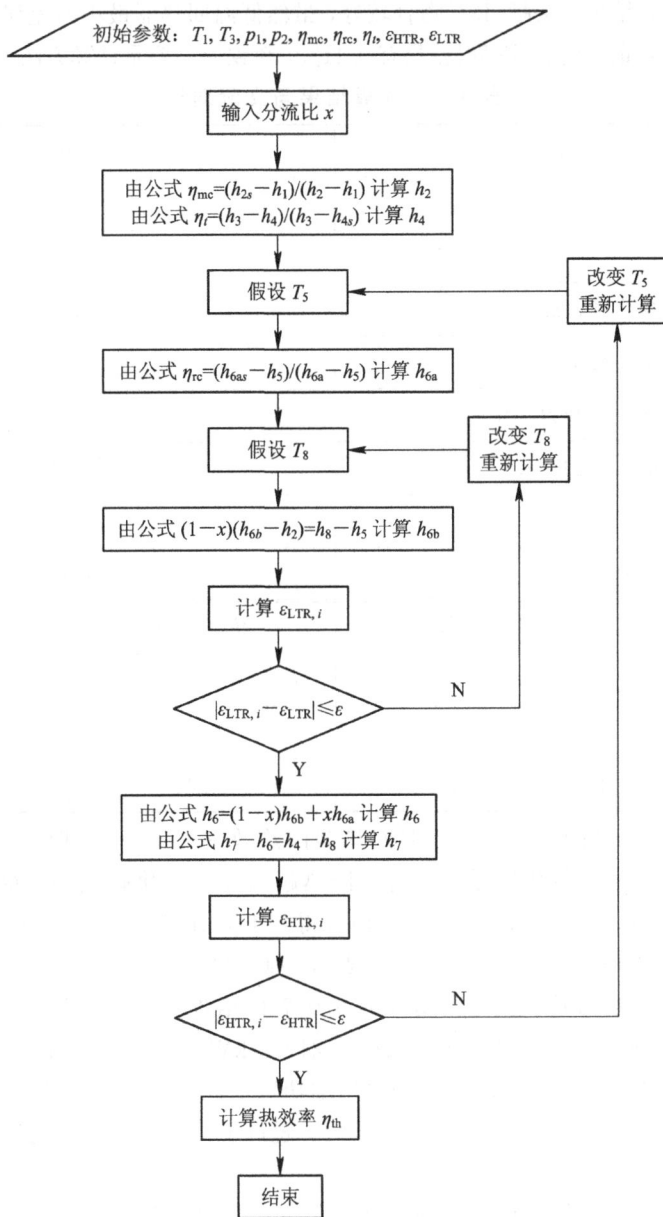

初始参数: T_1, T_3, p_1, p_2, η_{mc}, η_{rc}, η_t, ε_{HTR}, ε_{LTR}

输入分流比 x

由公式 $\eta_{mc}=(h_{2s}-h_1)/(h_2-h_1)$ 计算 h_2
由公式 $\eta_t=(h_3-h_4)/(h_3-h_{4s})$ 计算 h_4

假设 T_5

改变 T_5 重新计算

由公式 $\eta_{rc}=(h_{6as}-h_5)/(h_{6a}-h_5)$ 计算 h_{6a}

假设 T_8

改变 T_8 重新计算

由公式 $(1-x)(h_{6b}-h_2)=h_8-h_5$ 计算 h_{6b}

计算 $\varepsilon_{LTR,i}$

$|\varepsilon_{LTR,i}-\varepsilon_{LTR}|\leqslant\varepsilon$　N

Y

由公式 $h_6=(1-x)h_{6b}+xh_{6a}$ 计算 h_6
由公式 $h_7-h_6=h_4-h_8$ 计算 h_7

计算 $\varepsilon_{HTR,i}$

$|\varepsilon_{HTR,i}-\varepsilon_{HTR}|\leqslant\varepsilon$　N

Y

计算热效率 η_{th}

结束

图 3.13　再压缩超临界二氧化碳循环参数计算流程图

为了验证模型和程序的准确性，取文献[137]中参数进行计算比较，初始条件以及计算结果如表 3.3 所示。虽然文献[137]中没有给出各个状态点温度的计算结果，但给出了高温回热器和低温回热器的最小温差，再结合循环热效率的计算结果便可评估仿真结果的准确性。由表中计算结果可以看出仿真结果与文献[137]吻合较好，虽然低温回热器最小温差误差有 4%，但实际差值只有 0.22 K，且最终的热效率误差只有 0.11%，该误差主要是计算方法不同引起的。

表 3.3　计算结果与文献对比

初始参数		值	
等熵效率	涡轮	0.9	
	压缩机	0.85	
换热器效能		0.95	
主压缩机入口温度/K		305	
主压缩机入口压力/MPa		7.4	
涡轮入口温度/K		823	
压比		2.6	
分流比		0.307	
计算结果	文献[137]	仿真结果	误差/%
ΔHTR/K	11.76	11.67	-0.76
ΔLTR/K	5.48	5.7	4
η_{th}/%	44.67	44.62	0.11

在验证完仿真模型的准确性后，取回热器回热效率为 95%，其他参数与上一小节相同，计算再压缩超临界二氧化碳循环相对于回热超临界二氧化碳循环性能的提升值。通过改变分流比，重复图 3.13 中的计算流程，便可得到不同分流比下系统的热效率，这里取热效率最大时的循环参数，如表 3.4 所示。由表可知通过分流过程使回热器出口工质温度得到大幅提升，由回热超临界二氧化碳循环的 670.7 K 增加到 746.5 K，因此再压缩超临界二氧化碳循环的吸热量也由 312.0 kW 减小到 219.4 kW，减小了 29.7%。虽然再压缩机的引入使再压缩超临界二氧化碳循环所需的总压缩功增加，但该循环最终的热效率为 51.8%，与回热超临界二氧化碳循环相比提升了 11.1%，超过了以氦气和氮气为工质的回热超临界二氧化碳循环。

此外，对于氦气和氮气等理想气体，由于比热容受温度和压力影响较小，由前面分析可知回热器两端进出口流体温差基本相同，采用分流对回热器中流体温度提高有限，且增加了一个压缩机会增加压缩功，所以分流再压缩设计并不十分理想[138]。

表 3.4　再压缩超临界二氧化碳循环最优参数计算结果

参数/单位	值	参数（单位）	值
T_1/K	305	T_8/K	460.3
T_2/K	336.1	W_t/kW	148.2
T_3/K	923	W_{mc}/kW	13.5
T_4/K	795.3	W_{rc}/kW	21.1
T_5/K	341.2	Q_t/kW	219.4
T_6/K	443.7	x	0.365
T_7/K	746.5	η_{th}/%	51.8

综上所述，再压缩超临界二氧化碳循环通过控制分流比可以使回热器内冷热流体热容率相匹配，提高热源入口处工质温度，减少吸收的总热量。虽然额外引入了第二个压缩机，增加了压缩功，但是最终循环热效率得到很大提升，与氦气和氮气循环相比有较大的优势。

3.3　再压缩超临界二氧化碳布雷顿循环影响参数分析

上节对三种不同布雷顿循环结构进行了建模并比较了循环性能，并分析了再压缩超临界二氧化碳循环具有较高的循环热效率的原因。本小节将对再压缩超临界二氧化碳循环主要影响参数进行研究，分析参数改变时系统的性能变化特性，为后面基于超临界二氧化碳循环的超燃冲压发动机热防护与发电一体化系统的参数选取提供方向。

3.3.1　分流比对系统性能的影响

再压缩超临界二氧化碳循环一个显著的特点是，通过分流控制低温回热器内两侧流体的热容率使其匹配和增加换热性能，进而提高系统热效率，因此分流系数对该循环的性能有重要影响。

为了评价回热器内换热过程对循环效率的影响，这里给出高温回热器和低温回热器内的熵产这一参数来评价换热过程的不可逆程度。图 3.14 给出了再压缩超临界二氧化碳循环热效率以及换热过程熵产随分流比(Split Ratio)的变化曲线。

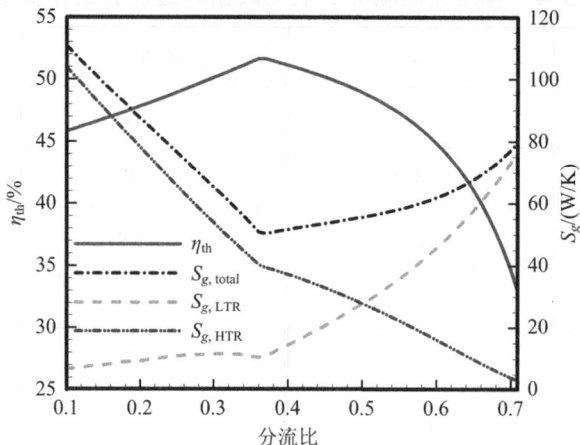

图 3.14 再压缩超临界二氧化碳循环热效率和回热器熵产随分流比变化曲线

由图 3.14 可知,再压缩超临界二氧化碳循环效率随着分流比的增加先增大后减小,即存在最佳分流比使该循环热效率最高,这也是再压缩超临界二氧化碳循环的一个重要特征。值得注意的是:当分流比为 0 时,再压缩超临界二氧化碳循环等效于回热超临界二氧化碳循环;当分流比小于最佳分流比时,该循环的热效率高于回热超临界二氧化碳循环;当分流比大于最佳分流比时,该循环热效率随着分流比增加而下降,且在分流比较大时,循环效率可能会小于回热超临界二氧化碳循环。因此对于再压缩超临界二氧化碳循环来说,其分流比取值要保持在一定的范围,当分流比过大时循环热效率将不再具有优势。从熵产曲线可知,当热效率最大时两个回热器内熵产的总和也达到最小值,此时回热器内不可逆程度最低,因此该循环性能最优。

根据上节内容可知,分流比主要通过改变低温回热器内两侧流体的比热容率进而影响高温回热器与低温回热器的换热过程,而回热器内的熵产即不可逆性主要与平均换热温差有关。图 3.15 和图 3.16 分别给出了高温回热器与低温回热器工质进出口温差变化曲线,其中入口温差表示回热器冷端温差,出口温差表示回热器热端温差。

对于高温回热器来说,当分流比增加时,低温侧流体出口温度(T_7)增加,导致其出口温差(T_4-T_7)减小,同时由于进口温差(T_8-T_6)也缓慢下降,因此回热器内平均温差减小,熵产曲线随着分流比增加而下降。对于低温回热器,其出口温差(T_8-T_{6b})与高温回热器进口温差相似,受到分流比影响较小,而进口温差则在分流比小于最优分流比时基本保持不变,大于最优分流比时迅速增加,因此低温回热器熵产曲线先缓慢上升,当分流比大于最优分流比时迅速增加。

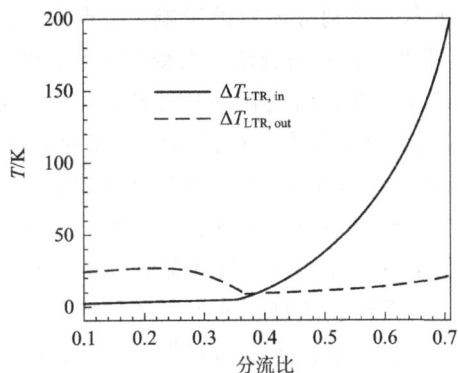

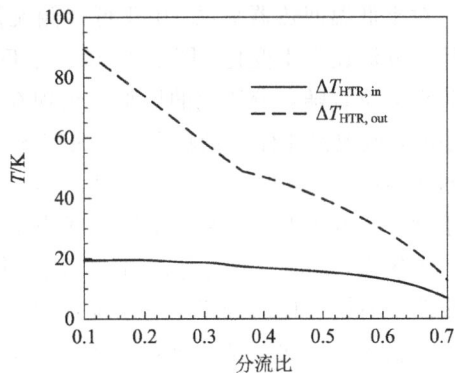

图 3.15　低温回热器端部温差随分流比变化曲线　　图 3.16　高温回热器端部温差随分流比变化曲线

　　值得注意的是在图 3.15 中，当分流比较小时低温回热器夹点温差只有 3 K 左右，而过小的夹点温差对于真实的换热过程是不易实现的，不利于回热器的加工制造，造成该现象的主要原因在于给定的低温回热器回热效率过高。因此为了保证回热器内夹点温差的合理性，有必要采用给定回热器夹点温差的方法来计算回热器中换热过程。高温回热器和低温回热器夹点温差分别用 ΔT_{HTR} 和 ΔT_{LTR} 表示，当给定回热器夹点温差后，与采用回热效率计算方法相似，主要通过不断进行迭代修正来找到满足夹点温差要求的循环参数。

　　对于回热器中流体的换热过程，当两侧流体比热容保持不变时，夹点一般出现在比热容较大的流体入口一侧。图 3.17 给出了高温回热器进出口流体温度以及温差随分流比变化曲线，从图中可以看出其夹点一直出现在换热器的入口处。高温回热器低温侧由于压力较高，比热容大于高温侧，因此其最小温差出现在低温侧流体的入口处，即 $\Delta T_{HTR, min} = T_8 - T_6$，且由于两侧流体的流量不会受到分流比的影响，导致夹点位置保持不变。

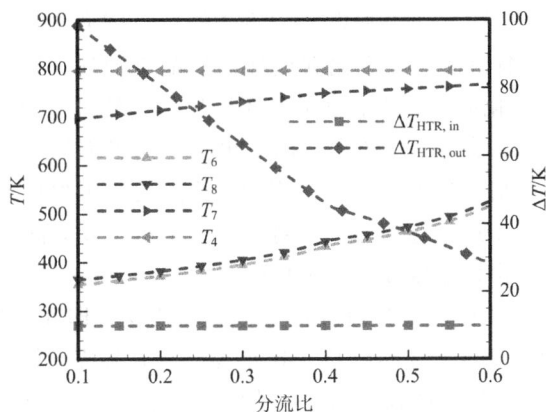

图 3.17　高温回热器进出口流体温度以及温差随分流比变化曲线

　　对于低温回热器来说，由于低温侧流体的比热容率受到分流比的影响，夹点温差位置会随着分流比发生变化，图3.18给出了低温回热器夹点位置随分流比的变化曲线，由图可知其夹点位置随着分流比的增加先出现在回热器冷端，然后出现在回热器热端。当分流比较小时，低温侧流体流量较大，比热容率较大，因此最小温差出现在低温侧流体的入口处，即回热器冷端，此时 $\Delta T_{LTR, min} = T_5 - T_2$。当分流比持续增加时，低温侧流体流量减小，当减小到一定程度时，低温侧比热容率小于高温侧，此时最小温差出现在高温侧入口处，即回热器热端，此时 $\Delta T_{LTR, min} = T_8 - T_{6b}$。同时从图中可以注意到，当低温回热器夹点位置发生改变时所对应的分流比下系统热效率也最高。前面从换热过程的不可逆程度分析了再压缩超临界二氧化碳循环热效率受到分流比的影响，下面结合再压缩超临界二氧化碳循环做功和吸热的情况来分析夹点位置对热效率的影响。

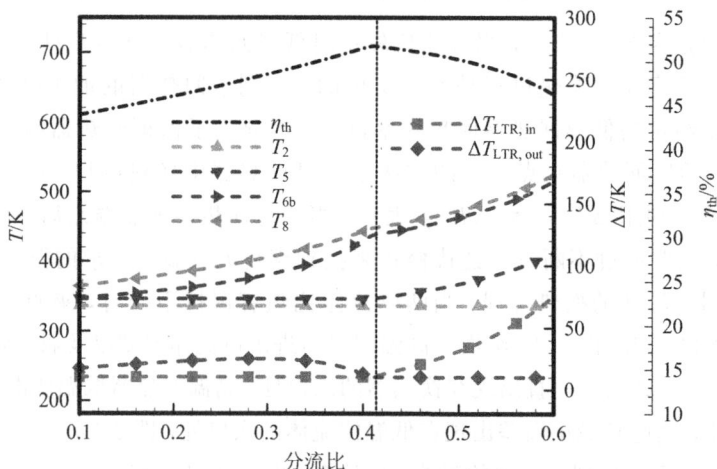

图3.18　低温回热器夹点位置随分流比变化曲线

　　图3.19给出了再压缩超临界二氧化碳循环的压缩机消耗功、涡轮输出功以及该循环的净输出功随分流比的变化曲线，其中由于循环压比和涡轮进出口温度不变，涡轮输出功也不变，因此在图中为一条直线。从图中可以看出主压缩机消耗的功随着分流比的增加线性减小，这是由于主压缩机入口温度与压比不变，其消耗的压缩功只受到流经压缩机工质流量的影响。当分流比小于最优分流比时，对于再压缩机来说，低温回热器夹点位置出现在冷端，因此高温侧流体出口温度 T_5 保持不变，即再压缩机入口温度保持不变，在压比不变的情况下再压缩机消耗的功也只与流经的工质流量有关，即随着分流比增加线性增加。由于再压缩机工质入口的温度与主压缩机相比更加偏离临界点，其增加的压缩功大于主压缩机减小的压缩功，因此再压缩超临界二氧化碳循环的净输出功减小。虽然再压缩超临界二氧化碳循环的净输出减小，但是随着分流比的增加，加热器入口温度 T_7 增加，循环的吸热

量降低，循环净输出功的减小量小于吸热量的降低，因此该循环的热效率此时是增加的。

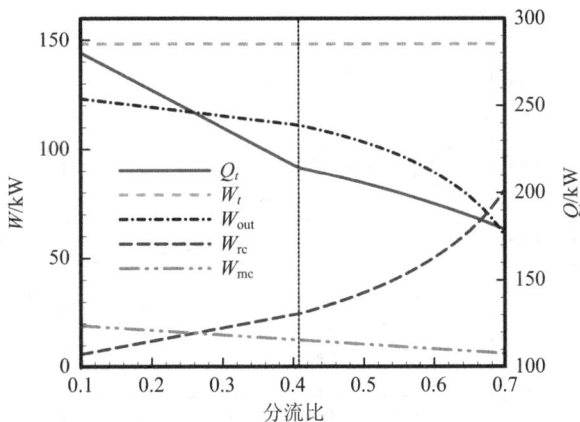

图 3.19 压缩机消耗功、涡轮输出功以及循环净输出功随分流比的变化曲线

当分流比大于最优分流比时，低温回热器内夹点位置由冷端变换到热端，高温侧流体出口温度 T_5 随着分流比的增加而增大，此时再压缩机消耗的功除了受到工质流量的影响，还受到入口温度 T_5 的影响。T_5 越大，入口工质的状态越偏离临界点，消耗的压缩功也越大，因此再压缩机消耗的压缩功迅速增加，导致再压缩超临界二氧化碳循环净输出功也迅速下降。虽然此时循环的吸热量也在持续减小，但是循环净输出功的减小量大于吸热量的降低，此时该循环的热效率随着分流比的增加而减小。

图 3.20 给出了最优分流比时低温回热器内温度以及温差分布曲线，由图可知回热器内两侧流体温差先增大后减小，最小温差出现在出口和入口处，值得注意的是在最优分流比下低温回热器冷端和热端同时达到夹点温差。最优分流比时低温回热器内工质比热容分布如图 3.21 所示。由于低温侧工质比热容先增大后减小，因此图 3.20 中低温侧工质温度分布曲线中间段温升变小，两侧工质最大温差出现在回热器内部。与回热超临界二氧化碳循环相比，再压缩超临界二氧化碳循环在最优分流比时低温换热器两侧工质的比热容十分接近，

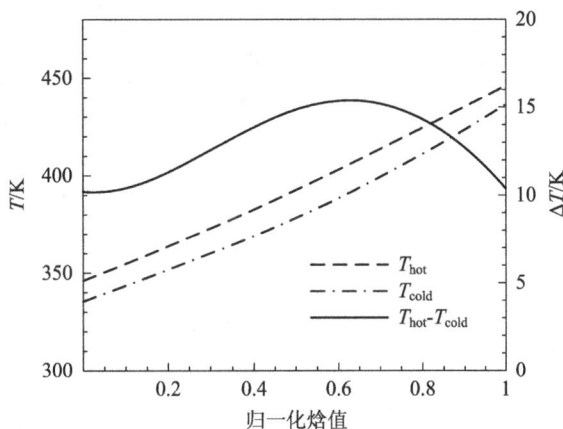

图 3.20 最优分流比时低温回热器内温度以及温差分布曲线

比值在 1 附近，这是其主要特征，即通过分流来控制回热器两侧的比热容率来提高循环效率。

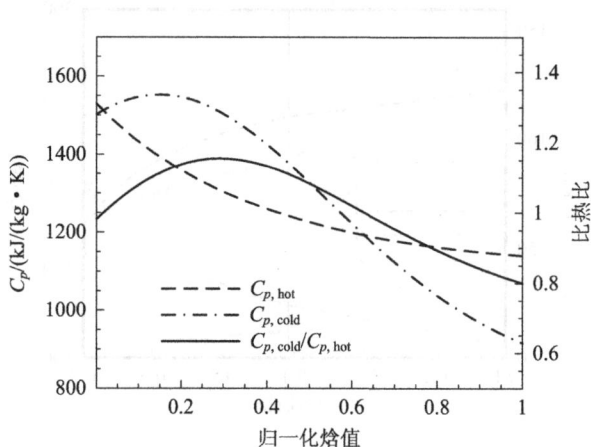

图 3.21　最优分流比时低温回热器内工质比热容分布

在采用夹点温差法计算再压缩超临界二氧化碳循环性能时，回热器的回热效率也会随着分流比而改变，如图 3.22 所示。随着分流比的增加，高温回热器回热效率先保持不变，当分流比大于最优分流比时回热效率开始降低，而低温回热器回热效率则随着分流比增加而增加。在分流比小于最优分流比时，低温回热器回热效率的增加而高温回热器回热效率不变，因此总的回热效率增加，循环热效率增加。当分流比大于最优分流比时，由于低温回热器效率增加变缓而高温回热器效率开始下降，造成循环效率降低。

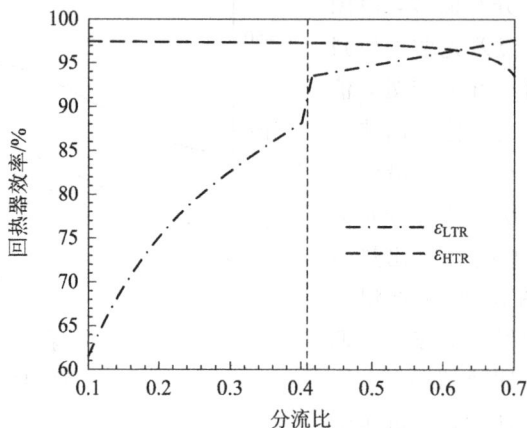

图 3.22　回热效率随分流比变化规律

此外，在最优分流比附近低温回热器回热效率有突变，这是由于回热器理论最大换热量受到分流比影响而改变，当分流比小于最优分流比时，夹点在冷端，低温回热器内最大理论换热量为热侧工质出口温度等于冷侧工质进口温度时的换热量，即

$$\dot{Q}_{\max} = h_8 - h(T_2, p_5) \tag{3.23}$$

当分流比大于最优分流比时，夹点在热端，最大理论换热量为冷侧工质出口温度等于热侧进口温度时的换热量，即

$$\dot{Q}_{\max} = (1-x)(h(T_8, p_6) - h_2) \tag{3.24}$$

因此在最优分流比两侧低温回热器的换热效率有较大改变。

3.3.2　夹点温差对系统性能的影响

对于再压缩超临界二氧化碳循环来说，回热器是重要组成部件，其换热性能对循环影响不可忽略。这里固定高温回热器或者低温回热器其中一个的夹点温差，变化另一个回热器的夹点温差来计算该循环的最大热效率变化，结果如图 3.23 所示。

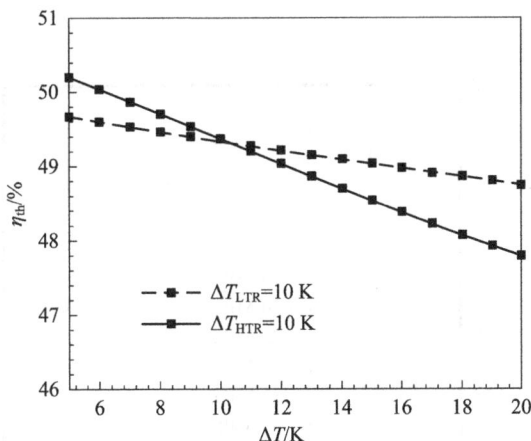

图 3.23　夹点温差对再压缩超临界二氧化碳循环热效率的影响

从图 3.23 中可以看出再压缩超临界二氧化碳循环最大热效率随着夹点温差的增加而减小，这是由于夹点温差越小，代表回热器的换热性能越好，回热器内熵增越小。同时可以看出低温回热器的夹点温差对循环热效率的影响大于高温回热器。

虽然夹点温差越小循环效率越高，但在实际的工程应用中，过小的夹点温差不仅难以实现，还会使部件成本大大增加。回热器可选取印制电路板式换热器（Printed Circuit Heat Exchanger，PCHE），其具有结构紧凑、换热效率高、耐高温高压等优点，非常适合应用于再压缩超临界二氧化碳循环。综合考虑换热性能和经济性，在后续分析中取高温回热器和

低温回热器的夹点温差为 10 K[139]。

3.3.3 循环最高压力和最高温度对系统性能的影响

在再压缩超临界二氧化碳循环中，循环最高压力出现在主压缩机的出口处，当忽略冷却管道以及回热器等压力损失时，涡轮入口压力与主压缩机出口压力相同。保持循环最低压力即主压缩机入口压力不变，不同最高压力下循环的热效率随分流比变化曲线如图3.24所示。对于不同的最高循环压力，存在着不同的最优分流比以及最大循环热效率，当分流比大于最优分流比时，随着压力的增大，再压缩超临界二氧化碳循环热效率下降速度也加快。其主要原因在于当压力增加时，再压缩机消耗功增加，加上分流比增大导致流经再压缩机的工质流量增加，循环净输出功迅速下降，热效率也迅速降低。此外考虑到循环热效率较小时再压缩超临界二氧化碳循环将不再具有优势，因此随着循环压力的增加，可用分流比的范围也在减小。同时从图3.24中还可以看出再压缩超临界二氧化碳循环的最高热效率也不是随着压力的增加而单调增加，即高的循环压力越高不一定对应高的循环热效率，即该循环存在最佳压比。

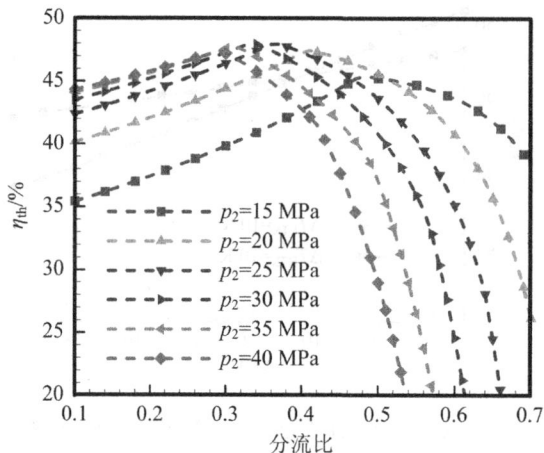

图 3.24 不同最高压力下再压缩超临界二氧化碳循环热效率随分流比变化曲线

再压缩超临界二氧化碳循环最优分流比以及最大热效率随最高压力的变化曲线如图3.25所示。从图中可以看出当压力较小时，该循环最高效率随压力增加提升较大，如图中最高循环温度为823 K时，最高压力从10 MPa增加到20 MPa，循环最高热效率增加了10.7%，而当压力再大时提高压力对热效率的提升作用不大，甚至可能会造成热效率的降低，也就是该循环存在最佳压比，其可使热效率最高。

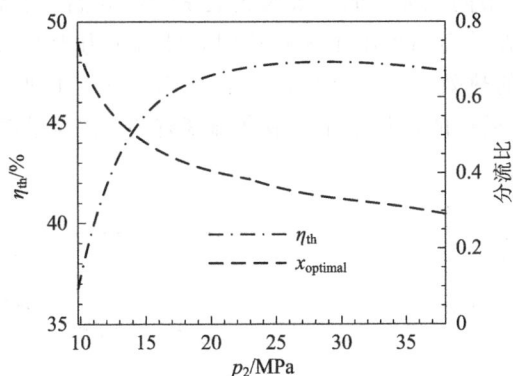

图 3.25　再压缩超临界二氧化碳循环最高热效率和最优分流比随最高压力变化曲线

此外，再压缩超临界二氧化碳循环的最优分流比随着压力的增加而减小，原因在于当压力增加时，低温回热器冷侧流体比热容减小，高温侧流体压力与比热容不变，回热器两侧流体比热容差值减小，因此较小的分流比就可以使两侧流体比热容率达到匹配，达到最高热效率。

对于常规的热力循环来说，循环最高温度即涡轮入口温度对循环热效率有着显著影响，再压缩超临界二氧化碳循环也不例外。图 3.26 给出了再压缩超临界二氧化碳循环最高温度分别为 650 K、750 K、850 K、950 K 时循环热效率随分流比变化曲线，从图中可以看出，随着最高温度的增加，热效率也随之增加，主要原因在于涡轮入口温度增加会引起膨胀功增大，进而使循环热效率增加。同时可以看出，与最高压力的影响不同，循环最优分流比受到最高温度的影响较小。

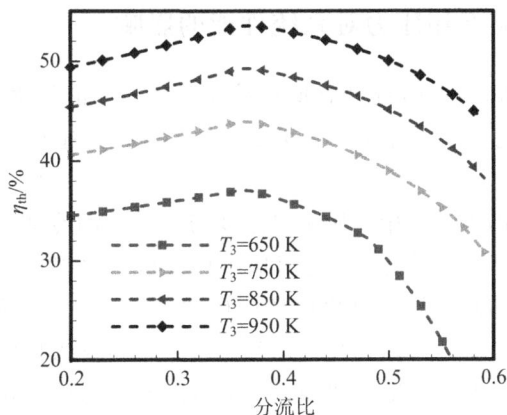

图 3.26　不同循环最高温度下热效率随分流比变化曲线

图 3.27 给出了不同最高压力下循环最大热效率随最高温度变化曲线。值得注意的是，由于最佳压比的存在，在最高温度小于 850 K 时，最高压力为 35 MPa 的循环热效率低于最高压力为 25 MPa 时的热效率，甚至在最高温度小于 690 K 时其热效率还低于压力为 15 MPa 时的热效率，即循环的最佳压比与最高温度有关，在对最高温度和最高压力选取时应考虑两者的相互影响。

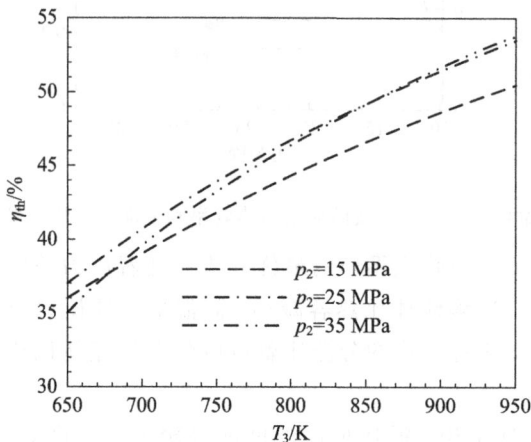

图 3.27　循环最大热效率随最高温度变化曲线

总的看来，循环最高温度越高，再压缩超临界二氧化碳循环热效率越高，且循环最高压力受到最佳压比的制约，当压力小于最佳压比时，压力越高循环热效率越大，同时循环最优分流比随着压力的增加而减小。

3.3.4　压缩机入口温度和压力对系统性能的影响

超临界二氧化碳在临界点附近具有低压缩功的特性，能够大幅减少压缩机所消耗的功，提升循环效率，因此主压缩机入口温度和压力对再压缩超临界二氧化碳循环性能有着重要影响。

主压缩机入口温度即预冷器中工质出口温度与所采取的冷却方式有关，应用中一般多采用经济方便的水冷或者风冷等方式。这里取主压缩机入口温度变化范围为 $305 \sim 325$ K，该温度区间覆盖了再压缩超临界二氧化循环应用的大部分情况。图 3.28 给出了不同主压缩机入口温度下循环热效率随分流比变化曲线。当主压缩机入口温度增加时，循环最大热效率下降，这是由于压缩机入口温度增加，主压缩机消耗的压缩功增加，导致循环热效率降低。此外，主压缩机入口温度也会对循环最优分流比产生影响，从图中可以看出当入口温度增加时，最优分流比也减小。在主压缩机入口和出口压力不变的情况下，入口温度增加会引起出口温度的上升，使二氧化碳更加偏离临界点，导致其比热容也下降，与最高压力的影响类似，此时较小的分流比即可保证主压缩机两侧流体的热容率相匹配，达到最高循环热效率。

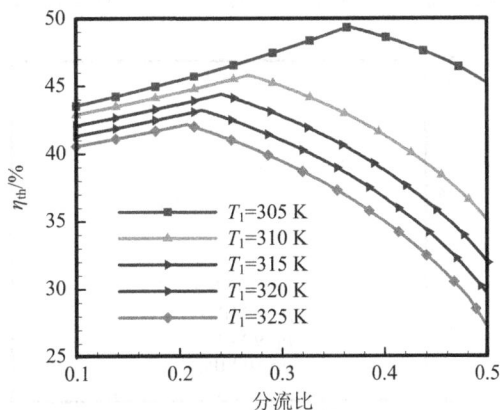

图 3.28　不同主压缩机入口温度下循环热效率随分流比变化曲线（p_1=7.6 MPa）

同理，当主压缩机入口温度固定为 305 K 时，随着入口压力的增加，二氧化碳远离临界点，最大循环热效率和最优分流比也随之下降，如图 3.29 所示。

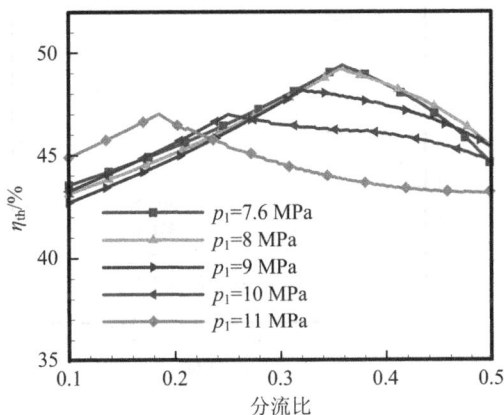

图 3.29　不同主压缩机入口压力下循环热效率随分流比变化曲线（T_1=305 K）

在实际应用中，一般比较关注当压缩机入口温度和压力偏离临界点时循环最大热效率的变化，因此图 3.30 给出不同压缩机入口压力下循环最大热效率随入口温度的变化曲线。由图可知，在不同的压缩机入口压力下循环最大热效率都随着入口温度的增加而下降，但同时可以看出，不同压力下最大循环热效率随入口温度下降幅度不同，入口压力越大，最大循环热效率下降幅度越小。当入口压力为 7.6 MPa 时，入口温度从 305 K 增加到 325 K，最大循环热效率下降了 7.1%，而当入口压力为 10 MPa 时，最大热效率只下降了 2.3%。也就是说，当入口温度取不同值时，最大循环热效率并非随着入口压力变化而单调增加或减小。图 3.31 给出了不同压缩机入口温度下最大循环热效率随入口压力变化曲线。

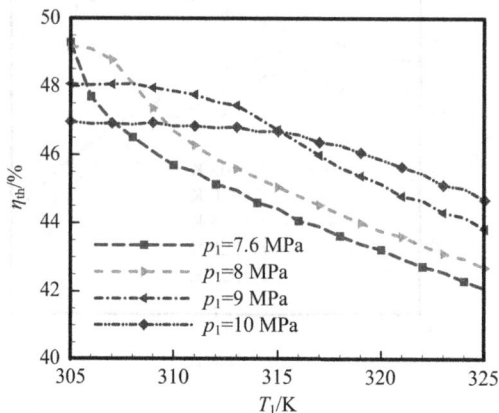

图 3.30　不同压缩机入口压力下最大循环热效率随入口温度变化曲线

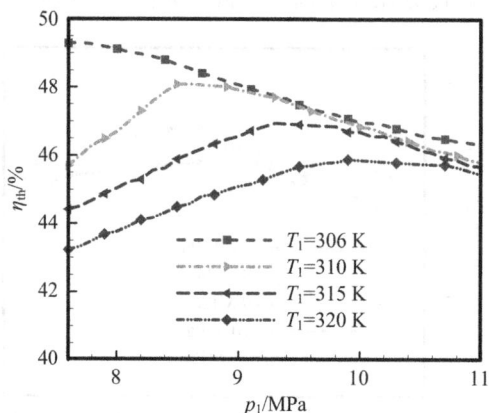

图 3.31　不同压缩机入口温度下最大循环热效率随入口压力变化曲线

　　由图 3.31 可知，对于不同的入口温度，存在一个最佳入口压力使循环热效率最大。当压缩机入口压力小于最佳入口压力时，最大循环热效率随着入口压力增加而增加，当压缩机入口压力大于最佳入口压力时，最大循环热效率减小。

　　也就是说，当采用不同的冷却方式时，应根据压缩机工质的入口温度来选择相应的入口压力来使循环热效率最大。该入口压力除了受到最佳压比的影响，还与超临界二氧化碳拟临界点特性有关。

图 3.32 给出了不同压力下超临界二氧化碳比热容随温度变化曲线,图中比热容最大时对应的状态点即为拟临界点。拟临界点拥有与临界点相似的特性,即压缩因子较低,所消耗的压缩功小。当压缩机入口温度大于临界点温度时,随着入口压力的增加,压缩机入口处二氧化碳接近拟临界点,压缩机消耗的压缩功减小,循环对应的最大热效率则增加,同时受到压比变化的影响,循环热效率一般在拟临界压力附近可取得最大值。

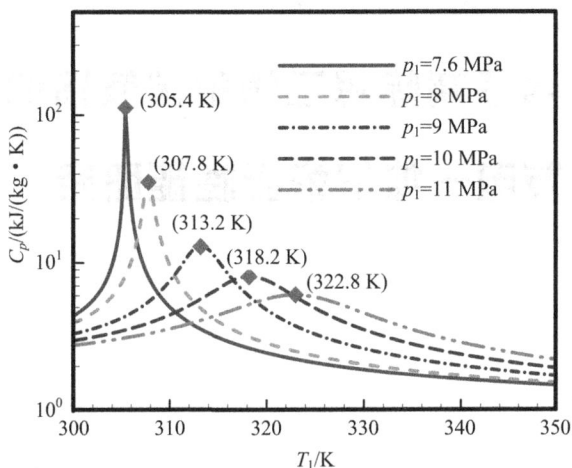

图 3.32　不同压力下二氧化碳比热容随温度变化曲线

第4章　基于超临界二氧化碳循环的热防护与发电一体化系统性能研究

4.1　引言

为了研究基于超临界二氧化碳循环的超燃冲压发动机热防护与发电一体化系统（以下简称热防护与发电一体化系统）性能，需要厘清热力循环与主动冷却燃烧室之间参数传递过程，并考虑不同循环结构的特点，建立热防护与发电一体化系统总体方案。同时还需要考虑热力循环、壁面热环境以及冷却燃料之间的相互影响，将三者统一起来进行建模分析。

4.2　热防护与发电一体化系统总体方案

在动力循环中，工质要经历从热源吸热、膨胀和对冷源放热过程才能把吸收的热量转换为功，对于热防护与发电一体化系统来说，发动机壁面就是热源，但是要构建系统方案，还需要可行的冷源。

地面上动力循环发电系统常用水或者空气作为冷源，通常不考虑冷源的限制。对于高超声速飞行器来说，由于飞行马赫数较高，周围空气来流总焓较高而不能作为冷源使用，同时如果携带额外的冷源将导致飞行器重量增加，降低飞行器的性能，因此其携带的燃料被认为是目前唯一可用的冷源。本节将以发动机壁面为热源、燃料为冷源来对系统方案进行设计并分析其中的关键参数。

4.2.1 总体方案

热防护与发电一体化系统总体方案示意图如图 4.1 所示，由超燃冲压发动机燃烧室（热源）、燃料供应系统（冷源）以及热力循环（动力循环）三个部分组成。首先循环工质流经发动机燃烧室壁面吸收热量并对燃烧室进行冷却，然后通过动力循环系统将热能转换为功输出电能，最后将多余的热量排出到燃料中，燃料储箱内的常温燃料流经燃料换热器与工质换热后温度升高进入燃烧室进行燃烧。

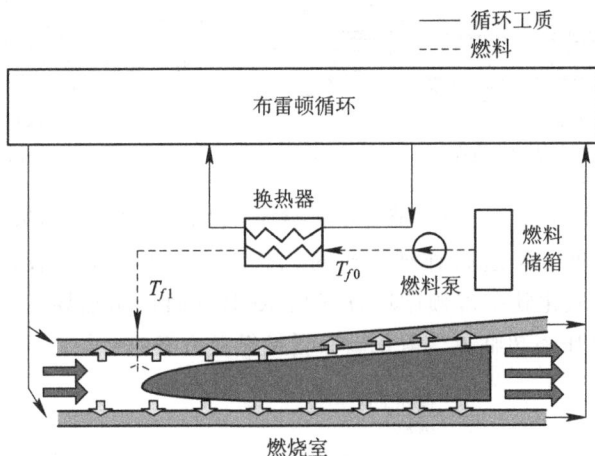

图 4.1 热防护与发电一体化系统方案示意图

在第 3 章中分析了三种典型的超临界二氧化碳布雷顿循环结构，这里分别给出采用这三种循环结构的热防护与发电一体化系统具体方案布局图以及对应的温熵图，分别如图 4.2~图 4.4 所示。根据所采用的循环结构的不同，不同系统方案的布局也不相同，主要体现在与热源和冷源的换热部分。以再压缩超临界二氧化碳布雷顿循环为例，从高温回热器流出的工质流入发动机壁面进行吸热，通过涡轮做功后温度降低，在流经高温回热器与低温回热器后进入燃料换热器与燃料换热。因此对于再压缩超临界二氧化碳布雷顿循环方案，其吸热过程为状态点 7 到状态点 3，与燃料的换热过程为状态点 5 到状态点 1。

同理，对于简单超临界二氧化碳布雷顿循环和回热超临界二氧化碳布雷顿循环，其吸热过程分别为状态点 2 到状态点 3 以及状态点 6 到状态点 3，放热过程分别为状态点 4 到状态点 1 和状态点 5 到状态点 1。吸热过程会影响到发动机壁面温度与热流密度分布，放热过程会对燃料的温升以及所需流量产生影响，因此对于不同的循环方案，其性能表现也不

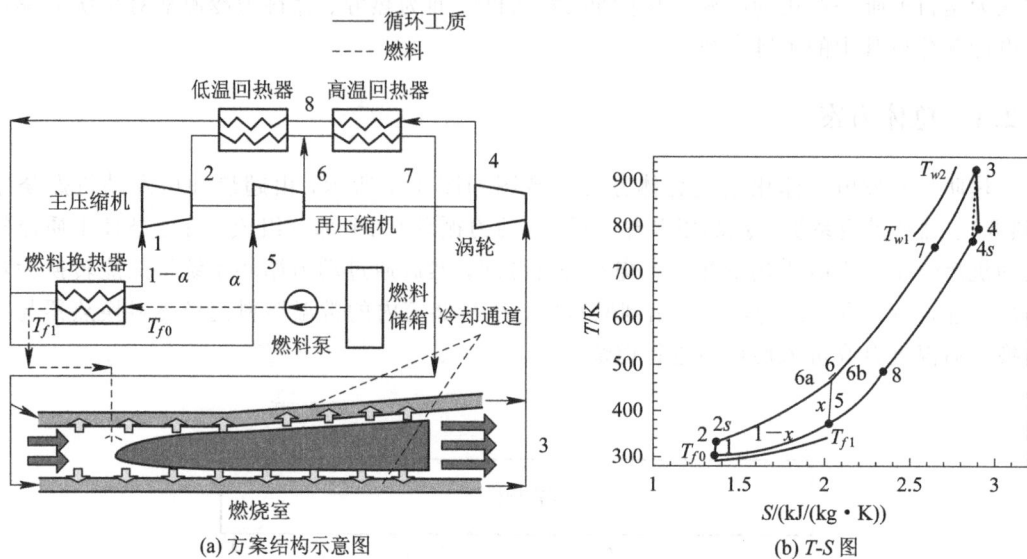

(a) 方案结构示意图　　　　　　　(b) T-S 图

图 4.2　基于再压缩超临界二氧化碳布雷顿循环系统方案

相同。本节将对这三种方案进行详细分析对比。为了便于分析比较，这三种方案分别用 SCBC(简单超临界二氧化碳布雷顿循环方案)、RCBC(回热超临界二氧化碳布雷顿循环方案)以及 Re-SCO$_2$(再压缩超临界二氧化碳布雷顿循环方案)表示。

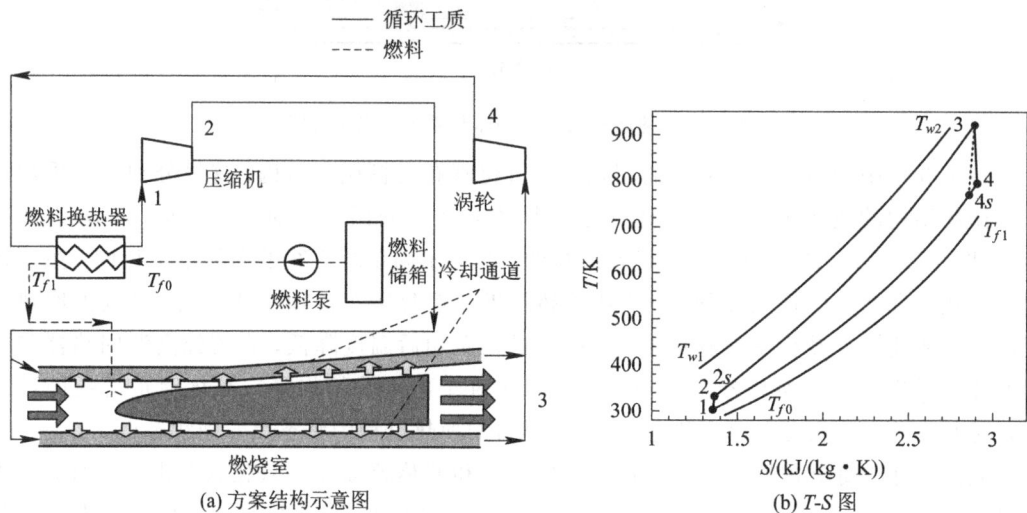

(a) 方案结构示意图　　　　　　　(b) T-S 图

图 4.3　基于简单超临界二氧化碳循环系统方案

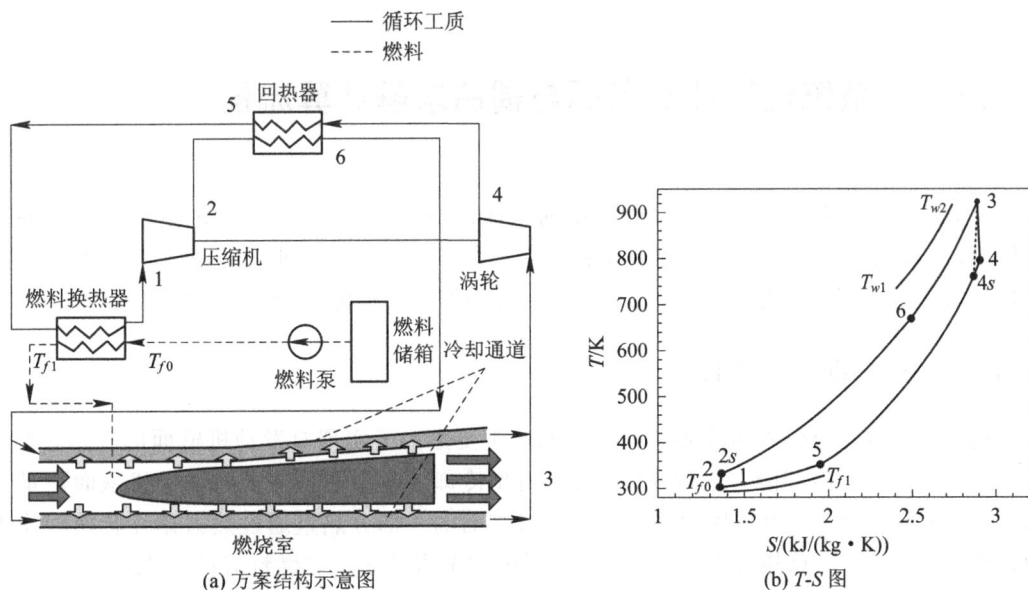

图 4.4　基于回热超临界二氧化碳循环系统方案

4.2.2　热防护与发电一体化系统关键参数

热源的复杂变化性、冷源的有限性以及目标的特殊性给热防护与发电一体化系统的建立提出了新的挑战,因此在对该系统分析时需要关注以下几个主要关键参数:

(1) 冷却燃料流量。本书提出的热防护与发电一体化系统主要目的是减少冷却发动机壁面所需的燃料流量,满足超燃冲压发动机热防护要求,因此需要关注作为冷源的冷却燃料流量大小,分析超临界二氧化碳循环的引入与传统再生冷却相比是否可以减少所需冷却燃料流量,以及对影响冷却燃料流量的主要因素进行研究。

(2) 壁面最高温度。在循环工质对发动机进行冷却时,其壁面温度也是变化的。当壁面温度超过材料使用极限时将会导致结构破坏失效,因此必须保证壁面最高温度在允许范围内,这给系统参数选取带来了新的限制因素。

(3) 冷却通道内压力损失。传统的再生冷却采用燃料作为循环工质对发动机壁面进行冷却,冷却通道内的压力损失较小。当采用气体为循环工质时,壁面冷却通道内的压力损失不能忽略,过大的压力损失会显著降低循环性能,因此需要分析影响压力损失的主要因素并尽量减小压力损失。

4.3 系统性能评价指标与耦合求解计算流程

上节给出了热防护与发电一体化系统的三种典型方案布局，为了比较这三种方案的系统性能，需要提出评价指标，因此需要将第 2 章与第 3 章的模型联立起来，给出不同方案的具体求解方法，对系统性能进行深入研究，并根据评价指标来指导系统的参数选取。

4.3.1 系统性能评价指标

超燃冲压发动机引入超临界二氧化碳循环主要是为了实现对发动机壁面的冷却，因此首先需要对系统的冷却能力进行评价。传统再生冷却方案中燃料需要将发动机壁面热量全部吸收，而热防护与发电一体化系统中发动机壁面的一部分热量通过热力循环转换为输出功，需要燃料吸收的总热量降低，理论上来讲能够节省冷却所需燃料流量。因此，为了直观体现新系统的引入对冷却燃料消耗的减少程度，这里定义冷却燃料减少率这一参数来表示系统的冷却性能。

传统再生冷却方案示意图如图 4.5 所示，假设发动机壁面的总热量为 Q_{total}，燃料的初始贮存温度为 T_{f0}，当采用再生冷却时，燃料由燃料储箱流入发动机壁面进行吸热升温，其出口温度一般可以达到裂解温度，这里用 T_{fc} 表示燃料最高出口温度，则再生冷却所需燃料流量为

$$m_r = \frac{Q_{total}}{C_{pf}(T_{fc} - T_{f0})} \tag{4.1}$$

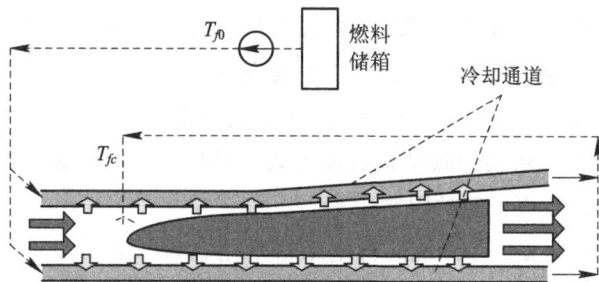

图 4.5　传统再生冷却方案示意图

当引入超临界二氧化碳循环后（即为热防护与发电一体化系统），冷却燃料仅需要吸收循环做功后排出的热量，则所需冷却燃料流量为

$$m_f = \frac{Q_{\text{total}}(1 - \eta_{\text{th}})}{C_{pf}(T_{f1} - T_{f0})} \tag{4.2}$$

冷却燃料减少率定义为

$$\delta = \frac{m_r - m_f}{m_r} = 1 - \frac{(T_{f1} - T_{f0})(1 - \eta_{\text{th}})}{(T_{fc} - T_{f0})} \tag{4.3}$$

其中 C_{pf} 为燃料比热容，T_{f1} 为燃料经过与工质换热后的温度。为了避免温度过高在换热器内产生析碳结焦现象，这里取其最高温度与 T_{fc} 相同。

从以上式中可以看出，热防护与发电一体化系统的冷却性能不仅与循环的热效率有关，还与燃料换热器内燃料的出口温度有关。具体来说，对于 SCBC 方案，冷却燃料减少率表达式为

$$\delta = \frac{m_r - m_f}{m_r} = \frac{Q_{\text{total}}(T_{f1} - T_{f0}) - m_c(h_4 - h_1)(T_{fc} - T_{f0})}{Q_{\text{total}}(T_{f1} - T_{f0})} \tag{4.4}$$

对于 RCBC 方案为

$$\delta = \frac{m_r - m_f}{m_r} = \frac{Q_{\text{total}}(T_{f1} - T_{f0}) - m_c(h_5 - h_1)(T_{fc} - T_{f0})}{Q_{\text{total}}(T_{f1} - T_{f0})} \tag{4.5}$$

对于 Re-SCO$_2$ 方案为

$$\delta = \frac{m_r - m_f}{m_r} = \frac{Q_{\text{total}}(T_{f1} - T_{f0}) - m_c(1 - x)(h_5 - h_1)(T_{fc} - T_{f0})}{Q_{\text{total}}(T_{f1} - T_{f0})} \tag{4.6}$$

除了系统的冷却能力，还需对系统发电能力进行比较，这里直接采用输出功来评价。不同循环方案布局的输出功计算方式在第 3 章中已经具体给出，这里不再赘述。

4.3.2　耦合求解计算流程

前面章节中对循环工质与热源的换热过程以及循环过程进行了建模分析，但要求给出系统的冷却性能，还需要对燃料换热器进行建模。在得到燃料换热模型后，便可根据不同模型之间的参数传递过程来进行求解。

1. 燃料换热器建模

传统的热力循环或者热电转换方案一般不关注循环工质与冷源的换热，而从上小节冷却燃料减少率计算公式可知冷却所用燃料的流量与其出口温度息息相关，因此首先需要对燃料换热器内循环工质和燃料的换热过程进行建模分析。对于换热器性能可以采用换热效率和夹点温差两种方式进行表示，但直接使用换热效率会导致换热器内夹点温差过小而无法实现，因此这里同样采用夹点温差表示燃料换热器性能。

对于基于超临界二氧化碳循环的热防护与发电一体化系统的回热器来说，其夹点一般出现在回热器的端部，因此可以直接利用夹点温差给出回热器进出口流体的温度。而对于

燃料换热器来说，由于临界点附近二氧化碳比热容变化较大，换热过程中的夹点有可能出现在换热器内部，因此不能直接根据夹点温差来求其出口温度，需要具体求解换热器内流体的温度分布来得到夹点位置与温差，最终求出燃料出口温度与流量。

这里将燃料换热器离散为多个单元，如图 4.6 所示，首先假设燃料的出口温度，然后由能量守恒方程可求得所需冷却燃料流量。假设每个换热器离散单元的换热量相同，利用能量守恒方程以及根据某一单元燃料的入口温度和流量便可求出该单元燃料的出口温度，该温度作为下一单元的入口温度继续求解，这样便可得到换热器内两侧流体的温度分布。比较换热器内两侧流体的最小温差是否大于给定的夹点温差，如果小于给定夹点温差，则需降低假设的燃料出口温度并重复上面计算过程，直到求出的最小温差满足夹点温差，此时便可得到满足换热过程的燃料流量和温度分布。

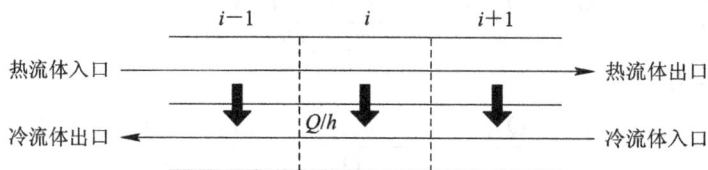

图 4.6　燃料换热器离散单元示意图

2. 耦合求解计算流程

在第 2 章中给出了发动机壁面冷却通道与燃烧室耦合求解方法，但在求解过程中需要知道循环工质的入口参数如压力、温度，然后还需要根据耦合模型迭代解出通道内循环工质的温度分布，才能得到循环工质的出口温度。在不同的冷却发电系统中，冷却通道循环工质的入口参数在循环中所处的状态点也不相同，例如简单超临界二氧化碳布雷顿循环中为状态点 2，回热超临界二氧化碳布雷顿循环中为状态点 6，再压缩超临界二氧化碳布雷顿循环中为状态点 7。从第 3 章热力循环的模型中可知，要求出这些状态点的参数，又需要提前给定循环最高温度，即冷却通道循环工质出口温度。因此，需要将主动冷却燃烧室模型与循环模型耦合求解，才能得到满足要求的系统参数。

以基于超临界二氧化碳循环的热防护与发电一体化系统为例，给出耦合求解流程如图 4.7 所示。在已知循环的初始条件以及燃烧室初始条件下，假设循环最高温度为 T_3，便可根据第 3 章中的热力循环模型求出循环各个状态点的参数。另外，将状态点 7 的温度作为冷却通道循环工质入口温度，利用第 2 章中的主动冷却通道与燃烧室耦合求解模型可得到通道内循环工质的温度分布。比较计算得到的循环工质出口温度与假设的循环最高温度差值，如果差值较大，则需改变 T_3 大小重新计算，直到误差满足要求，此时求得 T_3 与 T_7 则能够同时满足发动机壁面换热模型与热力循环模型。在得到循环参数与发动机壁面热量后，便可根据燃料换热器模型计算所需冷却燃料的流量以及出口温度。

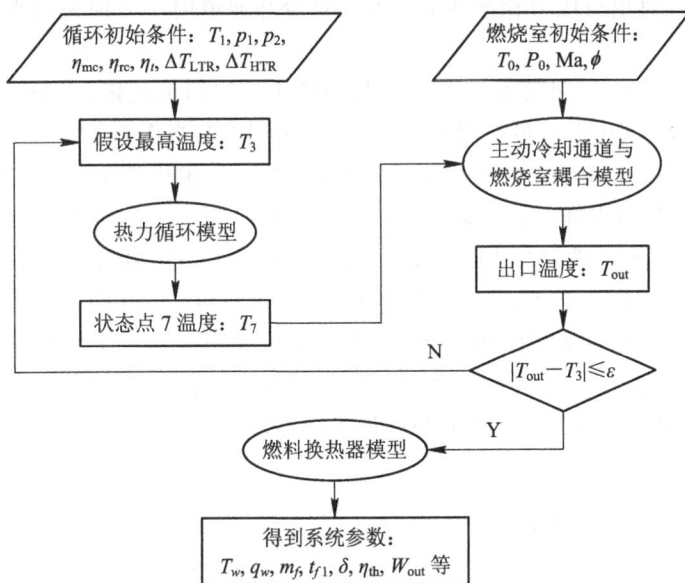

图 4.7　基于超临界二氧化碳循环的热防护与发电一体化系统求解流程图

同理，回热超临界二氧化碳布雷顿循环计算流程与再压缩超临界二氧化碳布雷顿循环类似。值得注意的是，对于简单超临界二氧化碳布雷顿循环，由于循环工质的进口温度为 T_2，与循环的最高温度 T_3 无关，因此不需要迭代求解。

4.4　系统关键参数影响因素研究与性能对比

在前面给出了热防护与发电一体化系统的主要参数，本节将根据耦合求解模型对冷却通道压力损失、发动机壁面最高温度以及冷却燃料减少率这些关键参数的影响因素进行分析，从而根据分析结果计算不同方案的最优性能。

4.4.1　冷却通道压力损失影响因素分析

根据第 3 章中的冷却通道内压力损失公式可知压力损失主要与通道内循环工质流速有关，而流速又受到质量流量与密度的影响。其中循环工质的质量流量与循环参数选取有关，不同的循环参数下冷却通道进出口压力和温度不同，循环工质的流量也不相同，同时循环工质密度也受到温度与压力的影响。考虑到压缩机出口压力即为冷却通道入口压力，因此这里主要分析压缩机出口压力和循环最高温度对冷却通道内压力损失的影响,其他初始参数与前面章节保持一致。

首先给出 SCBC 中冷却通道压力损失与循环工质出口流速随压缩机出口压力变化曲线,如图 4.8 所示,其中循环最高温度取 750 K。由图可知当压缩机出口压力较小时,冷却通道内压力损失较大,随着压缩机出口压力增加,冷却通道内压力增加,循环工质密度增加,导致循环工质流速下降,压力损失减小。当出口压力从 10 MPa 增加到 30 MPa 时,压力损失由 27.5 kPa 下降到 11.9 kPa,减小了约 56.8%。另外,由于压缩机出口压力的变化会影响循环参数变化,引起冷却通道入口处循环工质温度(T_2)升高,在循环最高温度不变(出口温度不变)时会导致所需循环工质的流量增加,如图 4.9 所示。而循环工质流量增加又会引起通道内流速增大,但是由于入口循环工质温度升高幅度有限,循环工质流量只增加了 7.8%,影响较小,因此在压力升高时通道内循环工质流速最终呈现下降趋势,压力损失也随之减小。

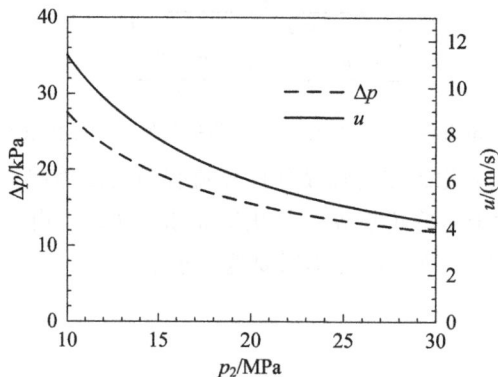

图 4.8 SCBC 冷却通道压力损失与循环工质出口流速随压缩机出口压力变化曲线

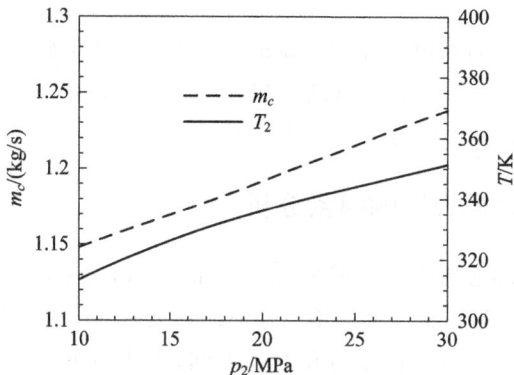

图 4.9 SCBC 循环工质流量与循环工质入口温度随压缩机出口压力变化曲线

进一步给出不同循环最高温度下 SCBC 冷却通道内压力损失变化曲线，如图 4.10 所示，由图可知循环最高温度（T_3）即冷却通道工质入口温度对 SCBC 冷却通道内的压力损失也有较大影响，随着温度的升高，压力损失减小。最高温度增加代表循环工质出口温度增加，在循环压力等参数相同时，循环工质入口温度保持不变，最高温度越高循环工质进出口温差越大，所需循环工质流量也越小，相应的循环工质流速也减小，因此压力损失减小。不同循环最高温度下 SCBC 循环工质流量随最高压力变化曲线如图 4.11 所示，由图可知，随着最高温度的增加循环工质流量减小。

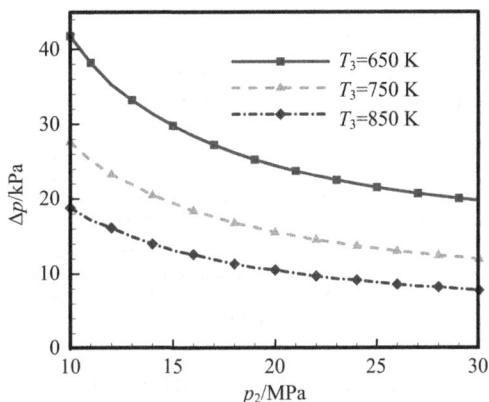

图 4.10　不同循环最高温度下 SCBC 冷却通道内压力损失随最高压力变化曲线

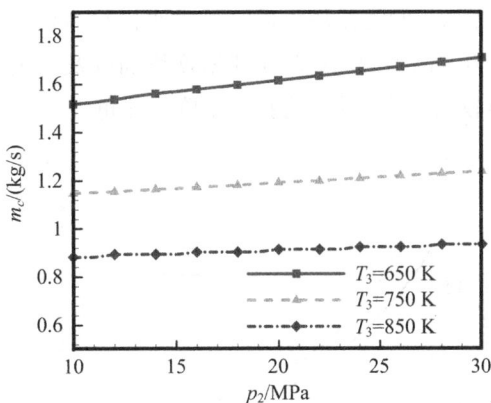

图 4.11　不同循环最高温度下 SCBC 循环工质流量随最高压力变化曲线

对于 RCBC，循环工质出口流速与冷却通道内压力损失也随着循环最高压力的增加而下降，如图 4.12 所示。但是其压力损失却远远大于 SCBC，特别是循环压力较小时。如最高温度取 750 K，则在压力为 10 MPa 时约为 SCBC 的 22 倍，压力为 30 MPa 时也接近 5 倍。主要原因在于 RCBC 循环工质的入口温度(T_6)高于 SCBC 的循环工质入口温度(T_2)，当循环最高温度相同时，循环工质进出口温差较小，需要较大循环工质流量来吸收发动机壁面热量，因此其循环工质流速与压力损失也较大。另外从图中可以看出，RCBC 压力损失随着压力增加下降速度也较快，在压力从 10 MPa 增加到 30 MPa 时，压力损失由 602 kPa 下降到 50 kPa，减小了约 91.7%。

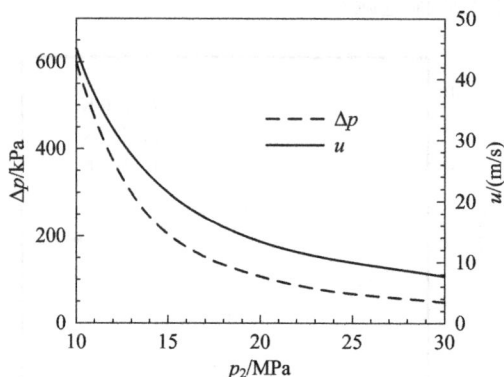

图 4.12　RCBC 冷却通道压力损失与循环工质出口流速随压缩机出口压力变化曲线

图 4.13 给出了 RCBC 循环工质流量随压缩机出口压力变化曲线，与 SCBC 不同，其循环工质流量随着压力的增加而下降，原因在于 RCBC 中冷却通道入口温度(T_6)随着压力的增加而降低，因此进出口温差增大，所需循环工质流量减小而导致流速下降，从而使压力损失下降。因此 RCBC 方案在压力升高引起的循环工质密度增加以及流量减少的共同作用下导致冷却通道内流速随压力下降较快，最终使压力损失下降幅度也大于 SCBC。

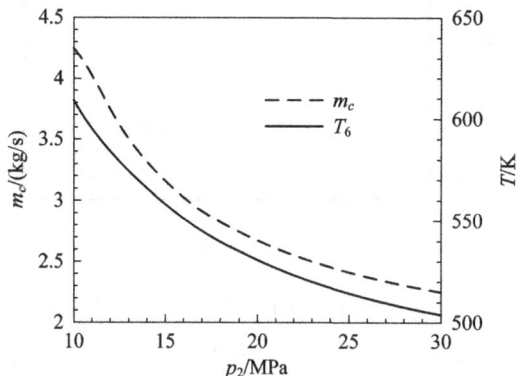

图 4.13　RCBC 循环工质流量与循环工质入口温度随压缩机出口压力变化曲线

　　图 4.14 给出了不同循环最高温度下 RCBC 冷却通道压力损失随最高压力变化曲线，与 SCBC 相似，随着最高温度的增加压力损失减小，但是其影响作用小于 SCBC。在 SCBC 中由于最高温度变化时冷却通道循环工质入口温度不会发生改变，因此循环工质进出口温差受到最高温度影响较大，从而使循环工质流量变化较大。而 RCBC 中循环工质进口温度会随着最高温度增加而增加，因此进出口温差变化增幅较小，循环工质流量变化较小，如图 4.15 所示，导致其压力损失受最高温度影响较小。

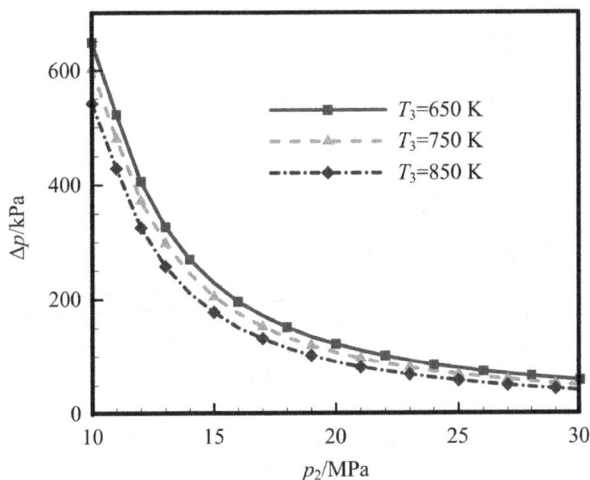

图 4.14　不同循环最高温度下 RCBC 冷却通道压力损失随最高压力变化曲线

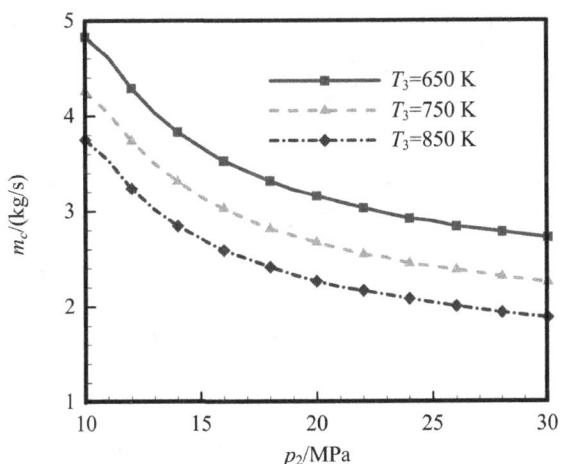

图 4.15　不同循环最高温度下 RCBC 循环工质流量随最高压力变化曲线

对于 Re-SCO$_2$ 来说，由于分流比会对循环参数产生影响，特别是不同分流比下冷却通道入口温度也不相同，因此这里取最优分流比时的系统参数进行分析。图 4.16～图 4.19 分别给出了 Re-SCO$_2$ 冷却通道压力损失与循环工质出口流速、循环工质流量与循环工质入口温度随循环最高压力的变化曲线以及循环最高温度对压力损失和工质流量的影响。

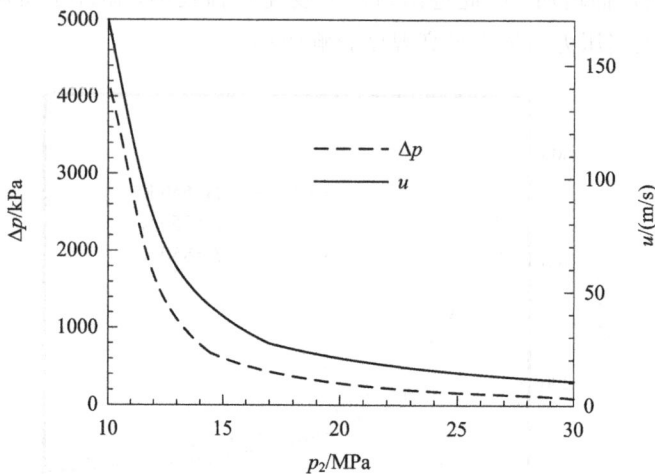

图 4.16　Re-SCO$_2$ 冷却通道压力损失与循环工质出口流速随压缩机出口压力变化曲线

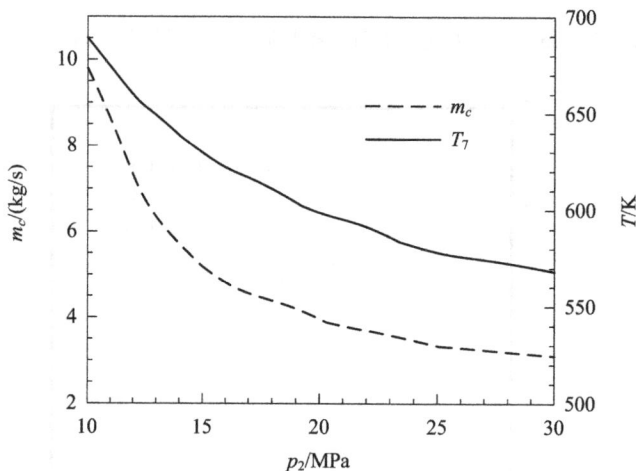

图 4.17　Re-SCO$_2$ 循环工质流量与循环工质入口温度随压缩机出口压力变化曲线

从图 4.16～图 4.19 中可以看出，Re-SCO$_2$ 压力损失变化规律与 RCBC 相似，不同的是由于再压缩机和分流点的引入使循环工质的入口温度进一步提高，导致所需循环工质的流量也增加，因此其压力损失也相对较大，如最高温度取 750 K、压力取 10 MPa 时其压力损失约为 RCBC 的 7 倍，压力为 30 MPa 时也接近 2 倍。

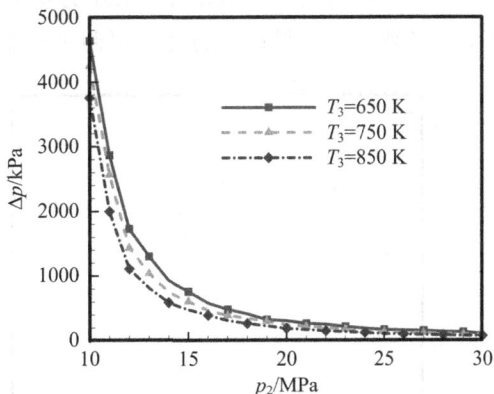

图 4.18　不同循环最高温度下 Re-SCO$_2$ 冷却通道压力损失随最高压力变化曲线

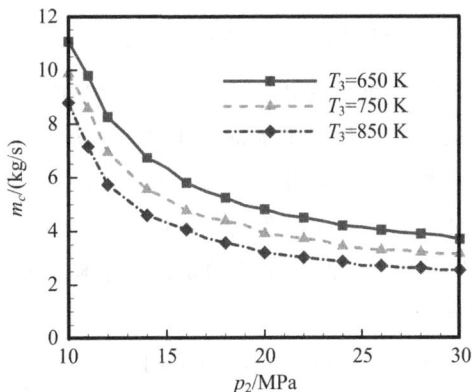

图 4.19　不同循环最高温度下 Re-SCO$_2$ 循环工质流量随最高压力变化曲线

　　另外，对于热力循环来说，当循环最高压力不同时，同样的压力损失影响程度也不相同，因此一般用相对压力损失系数来表示循环的压力损失影响。这里同样采用相对压力损失系数来表示冷却通道内压力损失对系统性能的影响，其定义为冷却通道内的压力损失与其入口压力的比值，即

$$\xi = \frac{\Delta p}{p_2} \tag{4.7}$$

图 4.20 给出了三种方案相对压力损失系数随循环最高压力变化曲线，由图可知，

SCBC 方案中相对压力损失系数最小，在 0.5% 以下，说明冷却通道内压力损失对于 SCBC 影响性能很小，可以忽略不计。而对于 RCBC 与 Re-SCO$_2$，在循环压力较低时相对压力损失系数较大，特别是 Re-SCO$_2$，在压力为 10 MPa 时相对压力损失系数可以达到 40% 左右。因此，为了保证系统的性能，必须对循环最高压力加以限制来减小相对压力损失系数。

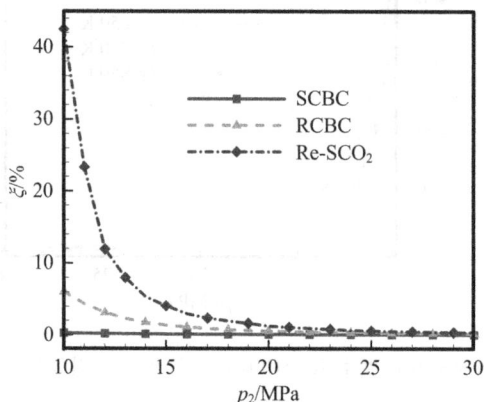

图 4.20　三种方案相对压力损失系数随循环最高压力变化曲线（$T_3 = 750$ K）

通常来说相对压力损失系数越小越好，但是从图 4.20 中可以看出，当相对压力损失系数减小到一定值时再通过提高循环压力带来的效果变弱，并且压力过高会给系统的部件设计与制造带来不必要的技术难题，因此可以取相对压力损失系数为 2% 来作为循环最高压力最小值的选择依据。如对于 Re-SCO$_2$，在循环最高温度为 750 K 时，循环最高压力应大于 18 MPa 来满足压力损失的要求，值得注意的是该值会随着循环最高温度等参数的变化而改变，应根据具体参数循环来确定。

总的来说，对于 RCBC 和 Re-SCO$_2$，冷却通道内的压力损失较大，不能忽略。其中循环最高压力对压力损失大小占主导作用，循环最高温度则影响较小，因此需要选取合理循环最高压力来满足相对压力损失系数的要求。当循环最高温度不变时，压缩机出口压力增加会同时导致冷却通道内循环工质密度增加以及循环工质流量减小，两者共同作用下冷却通道内循环工质流速减小，继而引起冷却通道内总的压力损失迅速下降。而对于 SCBC，冷却通道内相对压力损失很小，可以忽略不计。

4.4.2　发动机壁面最高温度影响因素分析

发动机壁面最高温度主要受到冷却通道内循环工质换热过程影响，低温循环工质从冷却通道入口进入燃烧室壁面吸热，在出口达到最高温度，因此发动机壁面的最高温度一般出现在冷却通道的出口处。

　　由前述分析结果可知，当循环其他参数不变时，循环最高温度越高其热效率也越高，意味着发动机壁面可以有更多的热量转换为输出功，燃料需要吸收的总热量也在减小。但是循环最高温度即为冷却通道工质的出口温度，该温度过高会导致发动机壁面最高温度过高，超出材料使用极限，因此需要对循环最高温度对发动机壁面最高温度的影响程度进行具体分析，便于对系统参数进行快速选取。

　　图 4.21 给出了三种方案发动机壁面最高温度随循环最高温度（T_3）变化曲线，其中循环最高压力取 25 MPa。由图可知发动机壁面最高温度随着循环最高温度的增加近乎线性上升，直线斜率接近于 1。图中循环最高温度由 650 K 增加到 1100 K，三种方案分别增加了约 452 K、427 K、428 K，这给快速预估不同循环最高温度对应的发动机壁面最高温度提供了参考依据。另外从图中还可以看出，对于不同的方案，相同循环最高温度下发动机壁面最高温度也不相同，其中 SCBC 发动机壁面温度最高，Re-SCO$_2$ 最低，意味着在相同的发动机壁面最高温度限制下，Re-SCO$_2$ 方案可以采用更高的循环温度来提升其热效率。如当选用高温镍基合金为发动机壁面材料时，其使用极限温度为 1200 K，此时采用 Re-SCO$_2$ 方案循环最高温度可以取 1020 K，而 SCBC 只能取 907 K。

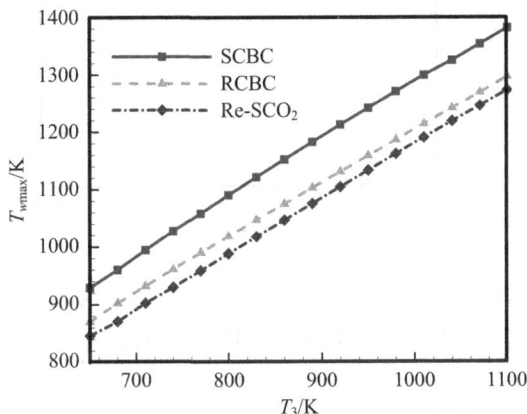

图 4.21　发动机壁面温度随循环最高温度变化曲线（$p_2 = 25$ MPa）

　　当循环工质出口温度相同时，发动机壁面最高温度主要受到冷却通道出口处循环工质换热系数的影响，图 4.22 给出了三种方案冷却通道出口处循环工质换热系数随循环最高温度的变化曲线。从图中可以看出，Re-SCO$_2$ 出口处循环工质换热系数最大，SCBC 出口处循环工质换热系数最小，即对于 Re-SCO$_2$ 来说较小的换热温差就能满足换热要求，因此循环工质出口温度相同时壁面温度较低。

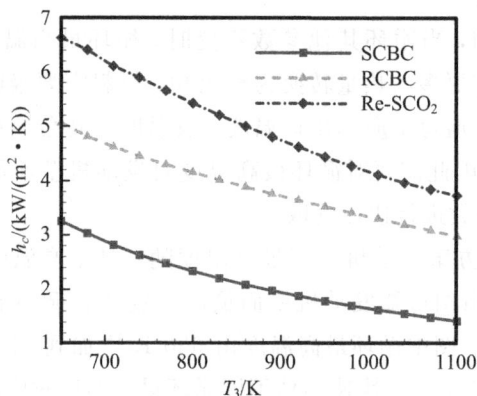

图 4.22　冷却通道出口处循环工质换热系数随循环最高温度变化曲线($p_2 = 25$ MPa)

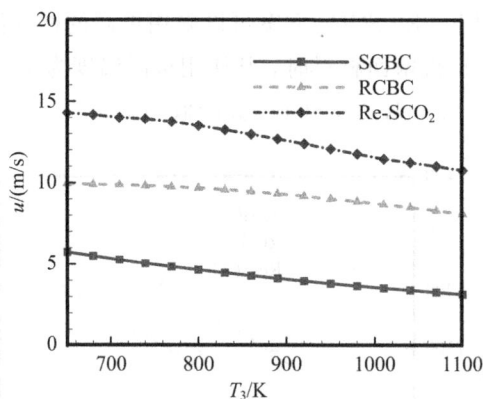

图 4.23　循环工质出口流速随循环最高温度变化曲线（$p_2 = 25$ MPa）

　　而循环工质的换热系数又主要受到出口流速的影响，图 4.23 给出了循环工质出口流速随循环最高温度变化曲线。如上 4.4.1 节所述，由于 Re-SCO$_2$ 中冷却通道循环工质进口温度较高，进出口温差小，循环工质流量较大，因此其出口处循环工质流速也较大，换热系数也最大。

　　此外，循环最高压力也会对循环工质出口流速产生影响，进而影响换热系数，并可能引起发动机壁面最高温度的变化。图 4.24 给出了发动机壁面最高温度随循环最高压力的变化曲线，其中循环最高温度即循环工质出口温度固定不变，取 750 K。与循环最高温度相比，循环最高压力对发动机壁面最高温度的影响较小，压力从 18 MPa 增加到 30 MPa，SCBC 发动机壁面最高温度只改变了 13 K 左右，变化最大的 Re-SCO$_2$ 也只变化 23 K。

　　当冷却通道内循环工质出口温度固定时，发动机壁面最高温度变化趋势主要与冷却通道出口处循环工质换热系数变化有关,图 4.25 给出了三种方案冷却通道出口处循环工质换热系数随循环最高压力的变化曲线。由图可知三种方案的换热系数随循环最高压力的变化较小,因此在循环工质出口温度不变时发动机壁面温度也变化较小。

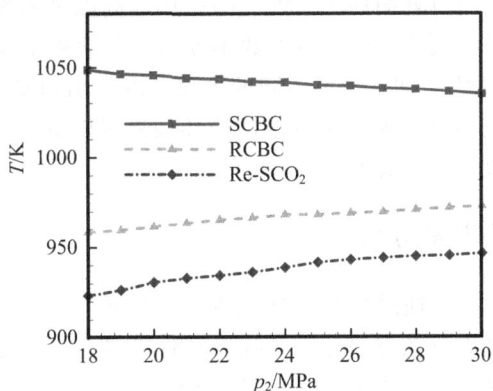

图 4.24　发动机壁面最高温度随循环最高压力变化曲线($T_3 = 750$ K)

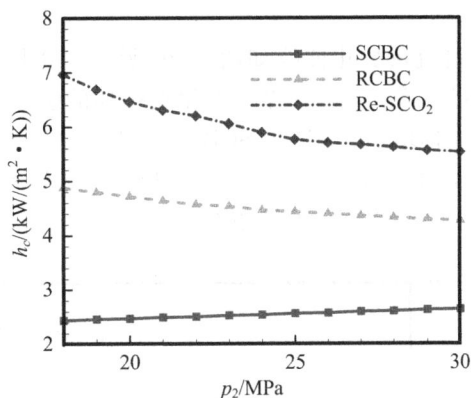

图 4.25　冷却通道出口处循环工质换热系数随循环最高压力变化曲线($T_3 = 750$ K)

　　值得注意的是,图 4.24 中 SCBC 的发动机壁面最高温度随着压力增加而下降,而 RCBC 和 Re-SCO$_2$ 的发动机壁面温度则随着压力的增加而增加,这在图 4.25 中表现为 SCBC 冷却通道出口处循环工质换热系数随着循环最高压力的增加而增加,而 RCBC 和 Re-SCO$_2$ 则随着压力增加而减小。这些的主要原因在于对流换热系数除了受到出口处流速的影响外,还受到普朗特数的影响,在出口温度不变时,超临界二氧化碳普朗特数随着压力的增加而上升。对于 RCBC 和 Re-SCO$_2$,虽然温度不变时压力增加会导致超临界二氧化碳普朗特数上升,引起传热系数的增加,但是从上节分析结果可知其循环工质流速随着压力的增加下降幅度较大，因此最终的换热系数呈现下降趋势。而对于 SCBC，由于循环工质流速下降幅度较小，超临界二氧化碳普朗特数增加引起的换热系数增大占主要作用，最终的换热系数呈现缓慢上升趋势。

综上所述，冷却通道出口处循环工质温度即循环最高温度对发动机壁面最高温度影响较大，循环最高压力则影响较小。在其他参数不变时，发动机壁面最高温度随着出口处循环工质温度增加而近乎线性增加。对于不同的方案，由于出口处循环工质换热系数不同，在相同的发动机壁面最高温度限制下可选取的循环最高温度也不相同，其中 Re-SCO$_2$ 可以选取较高的循环最高温度来提升循环热效率。

4.4.3　冷却性能影响因素分析

对于系统冷却性能，主要通过冷却燃料减少率来评价。冷却燃料减少率越大，代表与再生冷却相比所需的冷却燃料流量越小，系统冷却性能越好。考虑到发动机所用碳氢燃料为多组分混合物，这里取其平均比热容 2600 J/kg·K 来进行计算[100]，燃料的初始贮存温度取 $T_{f0}=295$ K。同时为了避免燃料出口温度过高产生析碳结焦影响换热，这里取燃料最高温度为 650 K[140]，值得注意的是，根据冷却燃料减少率的定义该值的大小不会影响对系统冷却性能的评价。

三种方案所需冷却燃料流量变化曲线如图 4.26 所示，图中虚线代表单纯采用再生冷却所需燃料流量。从图中可以看出，超临界二氧化碳循环的引入并没有减少冷却所需燃料的流量，反而使燃料流量大幅增加。如图中 SCBC 方案需要约 22 kg/s 的燃料流量，而单纯采用再生冷却只需要约 0.71 kg/s，可见 SCBC 方案所需冷却燃料流量足足增加了 30 多倍，而对于 RCBC 和 Re-SCO$_2$ 方案则需要更多的燃料流量。

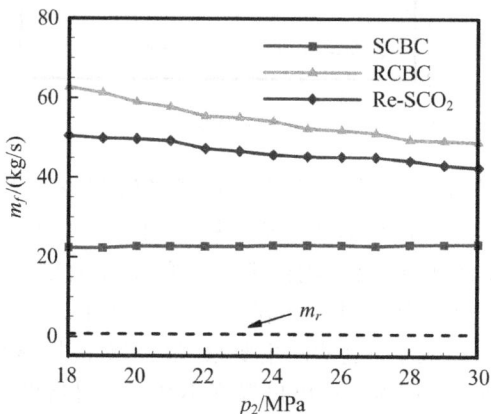

图 4.26　三种方案所需冷却燃料流量变化曲线

图 4.27 给出了三种方案循环热效率变化曲线，由图可知虽然 RCBC 和 Re-SCO₂ 拥有较高的热效率，但是其所需的冷却燃料流量却较大，而 SCBC 效率虽低但是所需冷却燃料流量较小，也就是说对于基于超临界二氧化碳循环的超燃冲压发动机热防护与发电一体化系统来说，高的循环热效率不一定意味着高的冷却性能。

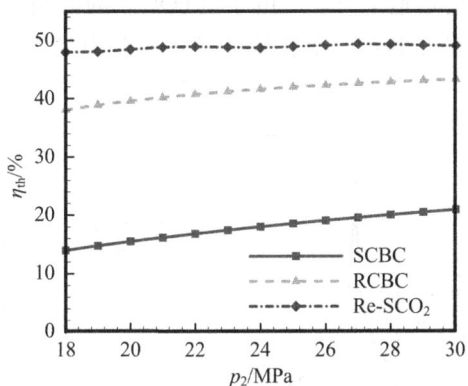

图 4.27　三种方案循环热效率变化曲线

根据公式(4.2)可知，系统所需的冷却燃料流量除了受到循环热效率的影响，还受到燃料换热器出口处燃料温度(T_{f1})的影响，该温度与换热器内循环工质的换热过程密切相关。图 4.28 给出了 SCBC 中燃料换热器内二氧化碳与燃料的温度分布，其中循环最高压力取 25 MPa，最高温度取 850 K。由图可知燃料最终温升极低，出口温度基本与入口温度相同，而二氧化碳温度先缓慢上升然后迅速增加，在出口处两种流体温差最大。

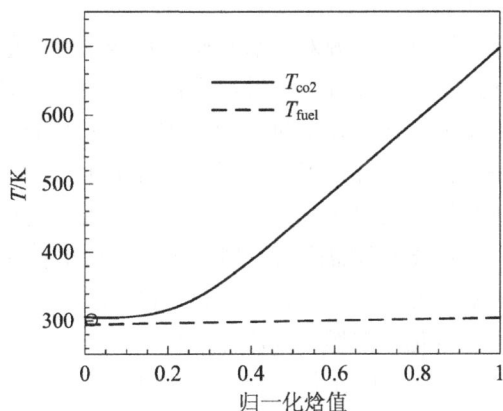

图 4.28　SCBC 燃料换热器内二氧化碳与燃料的温度分布($T_1 = 305$ K)

燃料换热器两侧流体的温度变化主要与其比热容有关，图4.29给出了临界点附近二氧化碳比热容随温度变化曲线，其中燃料比热容取平均值。从图中可以看出二氧化碳在临界点附近比热容较大，远大于燃料比热容，因此在燃料换热器冷端二氧化碳温度变化缓慢，换热器夹点也出现在冷端。随着换热过程的进行，二氧化碳温度升高，比热容减小，在相同的换热量时温升增大，温度迅速上升。但由于夹点温差的限制，在冷端初始段换热过程中需要较大的燃料流量来保证燃料与二氧化碳的换热温差满足要求，因此导致所需冷却燃料流量较大。

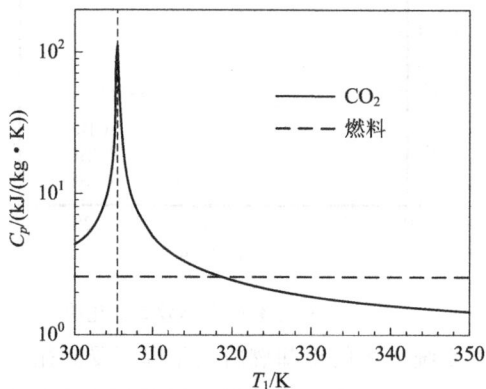

图4.29 二氧化碳比热容随温度变化曲线（$p_1 = 7.6$ MPa）

总的来说，当燃料作为冷源将二氧化碳冷却到临界点附近时，由于临界点附近二氧化碳比热容远大于燃料，因此需要很大的燃料流量来满足要求，导致燃料最终出口温度很低，冷却性能没有得到充分利用。

在传统发电领域以水和空气为冷源对二氧化碳进行冷却时一般不用考虑消耗冷源流量的大小，因此压缩机入口温度一般取临界点附近来保证较高的循环效率。但是热防护与发电一体化系统的主要目的是减少冷却发动机壁面所需的冷却燃料流量，因此必须对压缩机入口处的二氧化碳状态进行恰当设计来保证消耗的冷源最少。

根据超临界二氧化碳与燃料换热过程，可以通过减小燃料换热器冷端二氧化碳比热容来提高燃料的出口温度，进而减少所需冷却燃料的流量。这里首先通过提高温度来减小二氧化碳比热容，即提高压缩机入口处二氧化碳温度。以SCBC方案为例，给出压缩机入口温度增加时燃料换热器内二氧化碳与燃料温度分布如图4.30所示。从图中可以看出，当压缩机入口温度增加时，由于二氧化碳比热容降低，在燃料入口处温升增大，换热器夹点位置由冷端转移到换热器内部，燃料最终出口温度也迅速增加。当入口温度为319 K时，燃料出口温度已经达到最大出口温度650 K，可以看出提高压缩机入口温度对提升燃料出口温度非常有效。

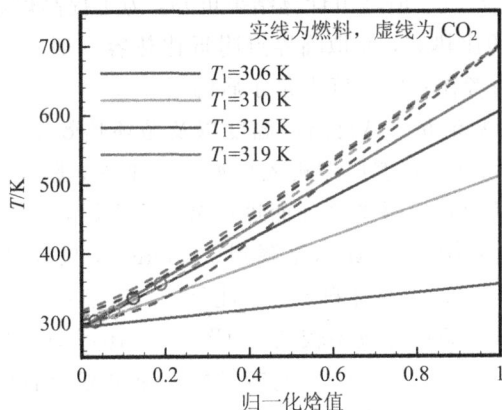

图 4.30　不同压缩机入口温度下燃料换热器内二氧化碳与燃料温度分布

另外，根据超临界二氧化碳物性变化可知，当压缩机入口压力增加时也会使二氧化碳偏离临界点引起比热容的减小，类似地给出压缩机入口压力增加时燃料换热器内二氧化碳与燃料温度分布如图 4.31 所示。

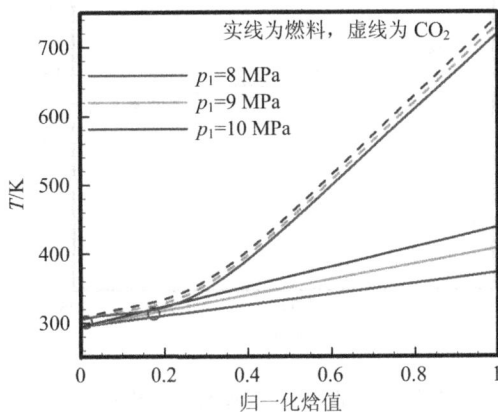

图 4.31　不同压缩机入口压力下燃料换热器内二氧化碳与燃料温度分布

由图 4.31 可知，虽然增加压缩机入口压力也会使燃料出口温度增加，但效果远不如增加压缩机入口温度。这主要原因在于随着燃料换热器内换热过程的进行，二氧化碳会经历拟临界点，而拟临界点附近比热容较大，因此在燃料换热器内外会出现两个夹点，其中一个在燃料入口处，另外一个则出现在燃料换热器内部，由于第二个夹点的限制导致燃料温升较小，最终出口温度较低。

在第 3 章指出当压缩机入口温度不同时，应取相应的拟临界点附近压力来获得较高的循环热效率，提高循环输出功。但是由计算结果可知，为了提高燃料出口温度，需要减小燃料换热器冷端二氧化碳的比热容，而拟临界点附近比热容一般较大，不利于燃料与二氧化碳的换热，也就是说这两者在一定程度上是矛盾的。

SCBC 中所需冷却燃料流量、燃料出口温度以及循环热效率随压缩机入口温度变化曲线如图 4.32 所示。由图可知，随着压缩机入口温度的增加，燃料最终出口温度迅速增加，所需冷却燃料流量也随着出口温度的增加而迅速减小，当燃料出口温度达到最大值 650 K 时，所需冷却燃料流量由开始的 23 kg/s 下降到 0.58 kg/s，只有原来的 2.5%，且该流量已经小于单纯采用再生冷却所需要的燃料流量。此外，当压缩机入口温度增加时，压缩机所消耗的压缩功会增加，导致循环热效率较低。由图 4.32 还可知，当压缩机入口温度增加到 319 K 时，SCBC 热效率下降了约 0.6%，与冷却燃料流量减少的程度相比，该热效率损失可以忽略不计。当压缩机入口温度大于 319 K 时，由于燃料出口温度已经达到最大值保持不变，此时冷却燃料流量主要受到热效率影响，因此继续增大压缩机入口温度会导致所需冷却燃料流量随着热效率的降低而增加。

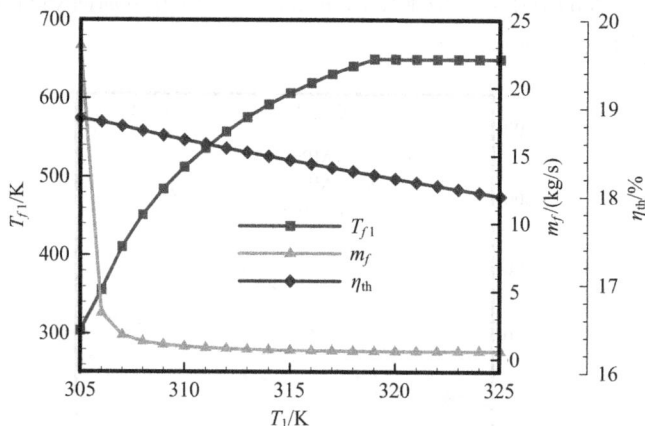

图 4.32　SCBC 中所需冷却燃料流量、出口温度与循环热效率随压缩机入口温度变化曲线

同理给出 RCBC 和 Re-SCO_2 中所需冷却燃料流量、燃料出口温度以及循环热效率随压缩机入口温度变化曲线分别如图 4.33 与图 4.34 所示。由图可知，与 SCBC 相似，随着压缩机入口温度的增加，这两种方案的燃料出口温度迅速增加，所需冷却燃料流量也迅速下降。不同的是，RCBC 和 Re-SCO_2 由于回热器的存在，燃料换热器二氧化碳入口温度降低，由 SCBC 中的 T_2 变为 T_5，导致当压缩机入口温度为 319 K 时，燃料最终出口温度只有 416 K，远小于 SCBC 的 650 K，此时所需冷却燃料约为 1.2 kg/s，为 SCBC 的两倍。

由以上分析结果可知，对于 SCBC、RCBC 和 Re-SCO_2 所需冷却燃料流量，燃料出口温度的影响大于循环热效率。

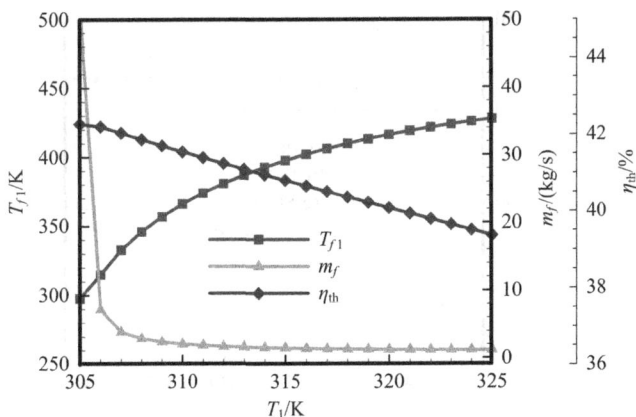

图 4.33　RCBC 中所需冷却燃料流量、出口温度与循环热效率随压缩机入口温度变化曲线

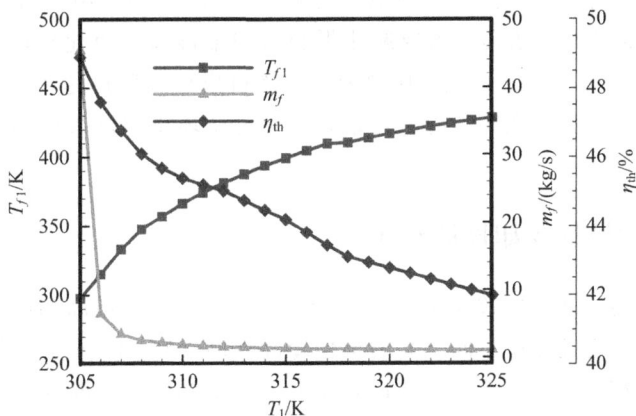

图 4.34　Re-SCO$_2$ 中所需冷却燃料流量、出口温度与循环热效率随压缩机入口温度变化曲线

　　为了直观地比较三种方案的冷却性能，这里给出这三种方案的冷却燃料减少率随压缩机入口温度变化曲线，如图 4.35 所示。由图可知，虽然三种方案冷却燃料减少率随着压缩机入口温度的增加而上升，但是对于 RCBC 和 Re-SCO$_2$，当压缩机入口温度为 320 K 时，其燃料减少率分别为－72.7％与－67.1％，意味着此时这两种方案与再生冷却相比不仅不能减少冷却所需燃料流量，还会使流量增加 72.7％与 67.1％。而对于 SCBC，当压缩机入口温度大于 314 K 时冷却燃料减少率为正值，表明此时能够达到减少冷却燃料流量的效果，当入口温度为 319 K 时冷却燃料减少率达到最大值 18.2％，也就是说与再生冷却相比，该方案能够减少 18.2％的冷却燃料流量。当入口温度大于 319 K 时，由于燃料出口温度达到最大值 650 K 且保持不变，冷却燃料减少率随着循环热效率的减小而略微下降。

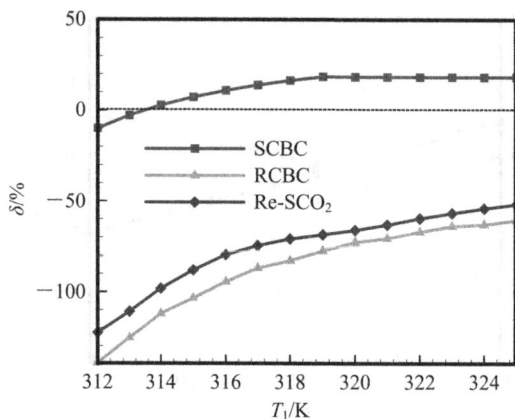

图 4.35　三种方案的冷却燃料减少率随压缩机入口温度变化曲线

综上所述，系统冷却燃料流量大小主要受到燃料出口温度影响，受循环热效率影响较小。为了提高燃料最终出口温度，需要减小燃料换热器冷端二氧化碳的比热容。提高压缩机入口温度能够有效地减小二氧化碳比热容，使燃料出口温度迅速增加，大幅减小所需冷却燃料流量。因此为了提高系统的冷却性能，需要对循环压缩机入口温度进行合理设计来使冷却燃料流量最小。

4.4.4　不同方案最优冷却性能对比

在前面小节中讨论了影响冷却通道压力损失、发动机壁面最高温度以及系统冷却性能的主要因素，本节将通过计算不同方案的最佳冷却性能参数，以获得系统的最优参数。

根据前面分析结果，这里选取循环最高压力(P_2)、涡轮入口温度(T_3)以及压缩机入口温度(T_1)为设计变量，以冷却通道压力损失 $\xi \leqslant 2\%$、发动机壁面最高温度 $T_{w\max} \leqslant 1200$ K 为约束条件，以冷却燃料减少率(δ)为目标函数对系统进行优化，以便得到不同方案的最佳冷却性能。其中考虑腐蚀作用以及材料性能，超临界二氧化碳循环最高压力取 25 MPa[141]。对于压缩机入口温度，设定最大值为 350 K。发动机热环境参数与第 1 章保持一致，其中燃料当量比(ER)取 0.5。三种方案最优冷却性能参数计算结果如表 4.1 所示。

从表中可以看出，三种方案最高压力都达到最大值 25 MPa，在其他参数不变的情况下，循环压力越高循环热效率越大。对于涡轮入口温度，三种方案同样都达到了最大值，即在该温度下发动机壁面最高温度达到 1200 K。其中 SCBC 的涡轮入口温度最低，Re-SCO$_2$ 的最高，这与前面小节结论一致。Re-SCO$_2$ 中冷却通道工质入口温度较高，进出口温差小，工质流量较大，因此其出口处流速也较大，换热系数也最大，在相同的发动机壁面最高温度限制下可以取较高的冷却通道出口温度即涡轮入口温度。

表 4.1　三种方案最优冷却性能参数计算结果

方案	SCBC	RCBC	Re-SCO$_2$
ER	0.5		
p_1/MPa	7.6		
p_2/MPa	25		
(η_{mc}/η_{rc})/%	89		
η_t/%	93		
T_3/K	925	1016	1028
T_1/K	315	350	350
$T_{w\max}$/K	1200	1200	1200
Q_t/kW	614.3	542.7	536.4
η_{th}/%	18.2	44.1	47.1
W_{out}/%	111.8	239.3	252.6
T_{f1}/K	650	464	464
δ/%	18.2	−15.57	−10.6

对于压缩机入口温度，RCBC 与 Re-SCO$_2$ 都达到最大值 350 K，而 SCBC 的压缩机入口温度为 315 K。在上节中指出，燃料最终出口温度除了受到压缩机入口温度的影响，还与燃料换热器二氧化碳的入口温度有关，该温度越高则燃料出口温度越大，所需冷却燃料流量越小。对于 RCBC 与 Re-SCO$_2$，燃料换热器二氧化碳的入口温度为 T_5，该温度随压缩机出口温度的增加而增加，当压力不变时压缩机入口温度越高则相应的工质出口温度越高，T_5 与燃料最终出口温度也越大，因此压缩机入口温度取到最大值 350 K。而对于 SCBC，燃料换热器二氧化碳的入口温度为 T_2，该温度与压缩机入口温度无关，因此只需要选取合适的压缩机入口温度来调整燃料换热器内夹点位置使燃料出口温度达到最大值即可。

另外由表 4.1 还可知，三种方案中只有 SCBC 方案冷却燃料减少率为正值，而 RCBC 与 Re-SCO$_2$ 最大冷却燃料减少率分别为 −15.57% 与 −10.6%，意味着采用这两种方案与再生冷却相比会导致所需冷却燃料流量增加，不能满足超燃冲压发动机热防护与发电一体化系统要求，需要对方案进行改进。虽然 RCBC 与 Re-SCO$_2$ 热效率远高于 SCBC，有较大的输出功，但是由于这两种方案燃料最终出口温度只有 464 K，低于最高温度 650 K，因此燃料热沉没有得到充分利用，所需冷却燃料流量大于再生冷却所需。对于 SCBC，最大冷却燃料减少率为 18.2%，同时输出功为 111.8 kW。

第5章 基于低温分流与高温分流方案的系统性能研究

5.1 引言

通常在超临界二氧化碳循环的实际应用过程中，需要根据应用背景特点对循环布局进行相应的调整，以便匹配不同的应用目的。因此为了利用再压缩超临界二氧化碳循环热效率较高的特性，最大程度减少冷却燃料的流量，有必要对 Re-SCO$_2$ 结构布局进行调整与优化，找出适合超燃冲压发动机的最优布局。

5.2 低温分流方案与高温分流方案及其热力过程分析

根据第 4 章分析结果可知，热防护与发电一体化系统的冷却性能主要受到燃料出口温度影响，而 Re-SCO$_2$ 虽然循环热效率很高，但是由于燃料换热器二氧化碳入口温度较低，导致燃料最终出口温度较低，系统所需冷却燃料流量较大，因此可以通过提高二氧化碳入口温度来提升燃料出口温度。本节将在 Re-SCO$_2$ 的基础上对热防护与发电一体化系统布局进行优化以提升系统冷却性能，同时获得较高的输出功。此外，为了避免引入额外部件增加系统的复杂度，给高超声速飞行器带来不必要的质量负担，这里只对 Re-SCO$_2$ 的结构布局进行变动，不增加额外部件。

5.2.1　低温分流方案及其热力过程分析

对于原始的 Re-SCO$_2$，二氧化碳从低温回热器出来后进入燃料换热器与燃料换热，因此燃料换热器内二氧化碳的入口温度（T_5）并不高。根据再压缩超临界二氧化碳循环的特点，可以改变分流点的位置来改变燃料换热器二氧化碳的入口温度。与原始的 Re-SCO$_2$ 不同的是，分流点的位置从低温回热器出口处改变到高温回热器出口处（低温回热器入口处），为了与原始方案进行区分，这里简称为 Re-SCO$_2$ 低温分流方案（Re-SCO$_2$-Low），其结构示意图如图 5.1 所示。

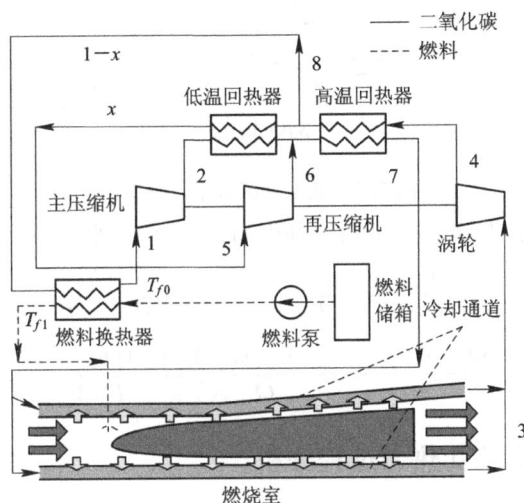

图 5.1　低温分流方案结构示意图

超临界二氧化碳流过燃烧室壁面吸热升温，通过涡轮做功后流入高温回热器换热，从高温回热器出来的循环工质一部分流入低温回热器换热后经再压缩机压缩，而另一部分则直接流入燃料换热器与燃料换热。为了直观地体现各个状态点以及热力过程，给出低温分流方案温熵（T-S）图如图 5.2 所示。从图中可以看出燃料换热器内二氧化碳与燃料的换热过程由原来的状态点 5 至状态点 1 变为状态点 8 到状态点 1，即二氧化碳的入口温度由 T_5 增加到 T_8，因此燃料的出口温度也会相应的提高。

因分流位置的改变，Re-SCO$_2$ 中回热器的换热过程也发生变化，这里主要是低温回热器两侧循环工质流量的改变。因而回热器能量守恒方程变为

$$(1-x)(h_{6b}-h_2)=x(h_8-h_5) \tag{5.1}$$

$$h_4-h_8=h_7-h_6 \tag{5.2}$$

值得注意的是，当循环分流比 x 为 0 时，循环中只存在高温回热器的换热过程，此时该方

案等效于回热超临界二氧化碳布雷顿循环方案。

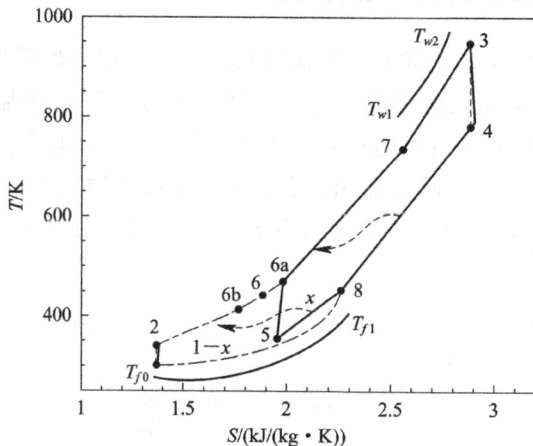

图 5.2　低温分流方案 $T\text{-}S$ 图

低温分流方案所需冷却燃料流量与冷却燃料减少率分别为

$$m_f = \frac{Q_{\text{total}}(1-\eta_{\text{th}})}{C_{pf}(T_{f1}-T_{f0})} = \frac{m_c(1-x)(h_8-h_1)}{C_{pf}(T_{f1}-T_{f0})} \quad (5.3)$$

$$\delta = \frac{m_r - m_f}{m_r} = \frac{Q_{\text{total}}(T_{f1}-T_{f0}) - m_c(1-x)(h_8-h_1)(T_{fc}-T_{f0})}{Q_{\text{total}}(T_{f1}-T_{f0})} \quad (5.4)$$

5.2.2　高温分流方案及其热力过程分析

同理，为了进一步提高燃料换热器二氧化碳入口温度，可以将分流点位置改变到高温回热器入口处（涡轮出口处），方案结构示意图与温熵（$T\text{-}S$）图分别如图 5.3 和图 5.4 所示。超临界二氧化碳经过涡轮做功后一部分进入高温回热器和低温回热器，另一部分则直接进入燃料换热器与燃料换热。从 $T\text{-}S$ 图中可以看出燃料换热器内二氧化碳与燃料的换热过程由原来的状态点 8 至状态点 1 变为状态点 4 到状态点 1，与低温分流方案相比，二氧化碳的入口温度进一步由 T_8 增加到 T_4，为了进行区分，这里称作 Re-SCO$_2$ 高温分流方案（Re-SCO$_2$-High）。根据前面对 SCBC 的分析结果可知，当二氧化碳入口温度为 T_4 时，燃料出口温度可达到最大值。

高温分流方案与原始方案相比，低温回热器和高温回热的换热过程都发生了改变，能量守恒方程分别为

$$(1-x)(h_{6b}-h_2) = x(h_8-h_5) \quad (5.5)$$

$$x(h_4-h_8) = h_7-h_6 \quad (5.6)$$

当循环分流比 x 为 0 时，高温回热器和低温回热器的换热过程将都不存在，此时该方案等

效于简单超临界二氧化碳布雷顿循环方案。

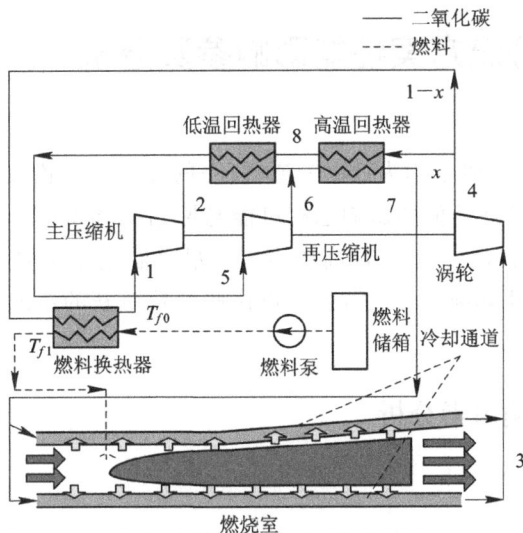

图 5.3　高温分流方案结构示意图

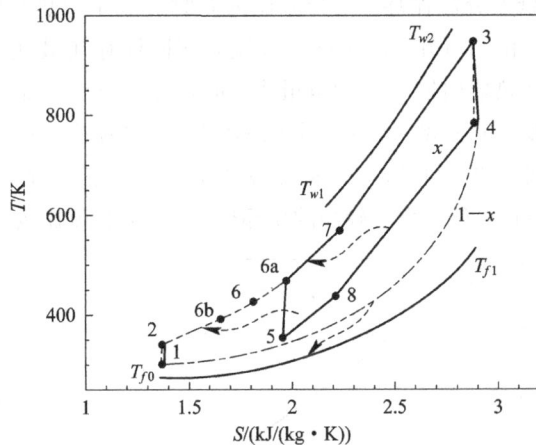

图 5.4　高温分流方案 T-S 图

高温分流方案所需冷却燃料流量与冷却燃料减少率分别为

$$m_f = \frac{Q_{\text{total}}(1 - \eta_{\text{th}})}{C_{pf}(T_{f1} - T_{f0})} = \frac{m_c(1 - x)(h_4 - h_1)}{C_{pf}(T_{f1} - T_{f0})} \tag{5.7}$$

$$\delta = \frac{m_r - m_f}{m_r} = \frac{Q_{\text{total}}(T_{f1} - T_{f0}) - m_c(1 - x)(h_4 - h_1)(T_{fc} - T_{f0})}{Q_{\text{total}}(T_{f1} - T_{f0})} \tag{5.8}$$

5.3 低温分流方案性能影响参数分析

由于低温分流方案(有时也称为低温分流循环)的分流点位置改变,循环热力过程发生变化,因此相关参数对循环性能的影响也有可能与原始循环不同。由前面章节分析结果可知,循环分流比、压缩机入口温度、最高压力以及最高温度等主要参数会对循环的热效率以及系统的冷却性能产生影响,因此需要分析这些参数对新的系统方案的影响,以便得到最优系统性能。

5.3.1 循环性能影响因素分析

1. 分流比

对于原始再压缩循环,存在最优分流比使循环热效率最大,因此这里首先给出低温分流循环热效率随分流比变化曲线,如图 5.5 所示,其中虚线为原始再压缩循环热效率变化曲线。对于原始再压缩循环和低温分流循环,当分流比为 0 时等效于回热超临界二氧化碳循环,因此两条曲线起始点重合。由图可知,对于低温分流方案同样存在最优分流比使循环热效率最高,且在最优分流比时回热器内熵产总和也最小。但是低温分流方案最大循环热效率小于原始再压缩方案,如图中取相关参数一样时,最大循环热效率约减少 5%。这主要原因在于低温分流方案分流点取在高温回热器出口处,循环向冷源释放的热量增加。值得注意的是,低温分流方案在分流比小于最优分流比时能够保持较高的循环热效率,而分流比较大时循环热效率较低。

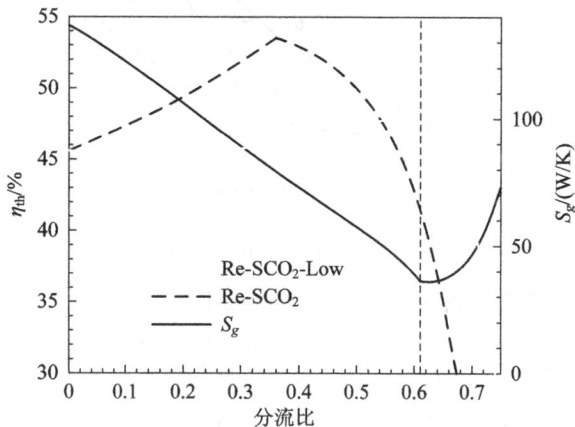

图 5.5 低温分流循环热效率随分流比变化曲线

同理，低温分流方案中分流比也是通过影响低温回热器和高温回热器的换热过程来对循环热效率产生影响的，图 5.6 给出了低温回热器和高温回热器进出口流体温度以及夹点位置随分流比变化曲线。从图中可以看出，低温回热器夹点位置随着分流比增加先出现在换热器冷端，即 T_5 与 T_2 处，然后出现在换热器热端（T_8 与 T_{6b} 处）。产生该现象的原因与原始再压缩循环相同，当分流比较小时，低温侧流体流量较大，最小温差出现在低温侧流体的入口处，即换热器冷端。当分流比持续增加，低温侧流体流量减小到一定程度时，低温侧比热容率小于高温侧，最小温差则出现在高温侧入口处，即换热器热端。与原始再压缩循环相比，因低温回热器高温侧工质流量改变，夹点位置变化时所对应的分流系数也随之增大。

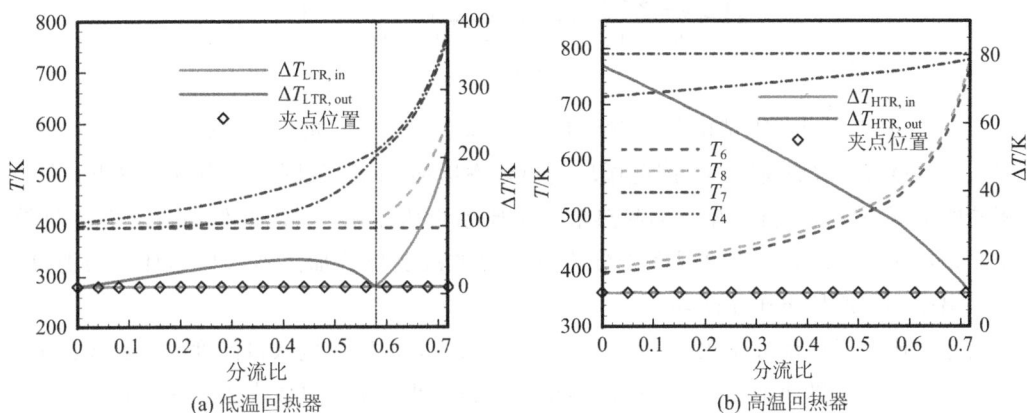

图 5.6　低温回热器和高温回热器进出口流体温度及夹点位置随分流比变化曲线

对于高温回热器，由于两侧工质流量不受分流比的影响，且高压侧比热容较大，因此夹点一直出现在高温回热器的冷端。值得注意的是，随着分流比的增加，高温回热器循环工质出口温度 T_7 增加，与涡轮出口循环工质温度 T_4 差值逐渐减小，当差值等于夹点温差即 10 K 时，此时的分流比为循环可选取的最大分流比。

从图 5.6 可知当夹点位置改变时对应的分流比即为循环最优分流比，这里同样结合循环做功和吸热情况来分析分流比（夹点位置）对循环热效率的影响。图 5.7 给出了压缩机消耗功、涡轮输出功以及循环的净输出功随分流比变化曲线，其中虚线为相同参数下原始再压缩循环计算结果。

由于主压缩机进出口循环工质温度与压力不变，因此其消耗的压缩功随分流比线性减少。对于再压缩机，当分流比小于最优分流比时低温回热器夹点位置不变，再压缩机入口循环工质温度 T_5 不变，此时再压缩机消耗功随分流比线性增加。由于再压缩机消耗功的增加大于主压缩机消耗功的减小，因此系统的总输出功降低。但此时循环吸热量也随着加

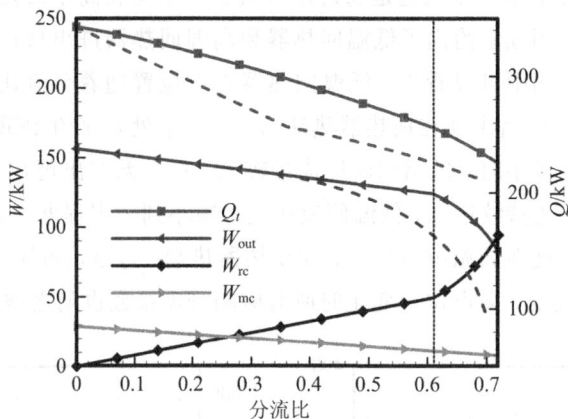

图 5.7 压缩机消耗功、涡轮输出功以及循环的净输出功随分流比变化曲线

热器入口温度 T_7 增加而减小，因此循环的热效率增加。同时从图 5.7 中可以看出，在输出功相同的情况下，低温分流循环的吸热量大于原始再压缩循环，因此低温分流循环热效率小于原始再压缩循环，主要原因在于分流点位置的改变导致加热器入口循环工质温度 T_7 上升的幅度小于原始再压缩循环。

当分流比大于最优分流比时，由于夹点位置改变，再压缩机入口温度 T_5 迅速上升，此时消耗的压缩功也迅速增加，系统的净输出功迅速减小，循环热效率也迅速降低。

2. 压缩机入口温度与入口压力

由第 4 章结论可知，为了优化燃料换热器内换热过程，获得较好的冷却性能，压缩机入口温度取值一般要高于临界点，图 5.8 给出了不同压缩机入口温度下循环热效率随分流比变化曲线。由图可知，与原始再压缩循环特性一样，随着入口温度的增加，低温分流循环最大循环热效率下降。不同的是，当入口温度较高时，低温分流循环不再存在最优分流比。如当入口温度为 310 K 时，分流比为 0 时循环热效率最高，循环热效率随着分流比的增大而减小，也就是说此时循环热效率总是低于相同参数下回热超临界二氧化碳循环热效率，该现象主要是由超临界二氧化碳的压缩特性引起的。

图 5.9 给出了不同温度下二氧化碳压缩因子随压力变化曲线，其中压缩因子越低，代表需要的压缩功越小。由图可知，当温度不变时，压缩因子在拟临界压力附近达到最小值，且当压力小于拟临界压力时，压缩因子会迅速增大，而当压力大于拟临界压力时，压缩因子增大幅度较小。在上述分析时，当压缩机入口温度由 305 K 增加到 310 K 时，由于入口压力保持不变，入口处二氧化碳压缩因子增大，需要消耗更大的压缩功，因此系统循环热效率随着分流比的增加而下降，此时不存在最优分流比。

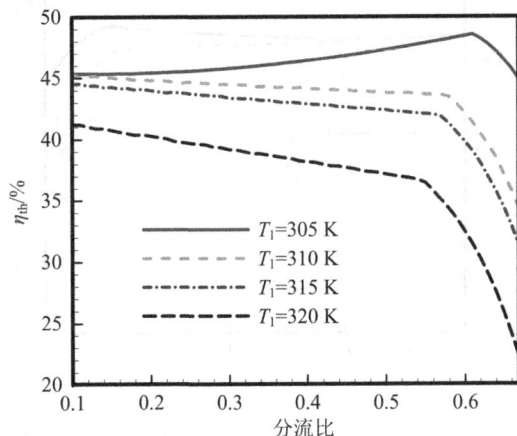

图 5.8　不同压缩机入口温度下循环热效率随分流比变化曲线

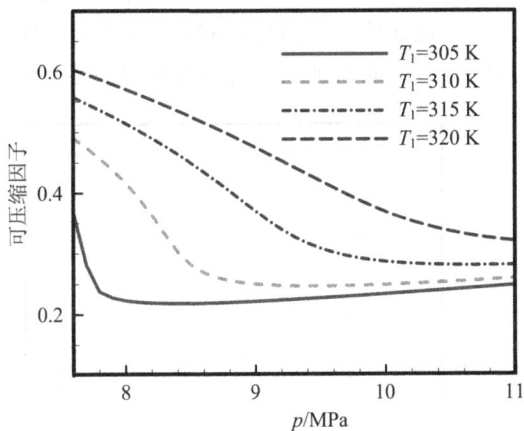

图 5.9　不同温度下二氧化碳压缩因子随压力变化曲线

图 5.10 给出了入口压力(p_1)取 8.6 MPa 时系统的循环热效率与输出功随分流比变化曲线,此时入口温度取 310 K。为了便于比较,图 5.10 还给出入口压力取 7.6 MPa 时的计算结果,在图中用虚线表示,同时为了消除压比的影响,计算时采用相同的压比。从图中可以看出,当入口压力增加到 8.6 MPa 时,循环热效率不再随着分流比的增加而单调下降,存在最优分流比使循环热效率最高。另外,从压缩功曲线可以看出,此时由于入口压力增加,压缩因子减小,主压缩机和再压缩机消耗的压缩功减小,系统输出功较大,因此在最优分流比时系统的循环热效率也较大。

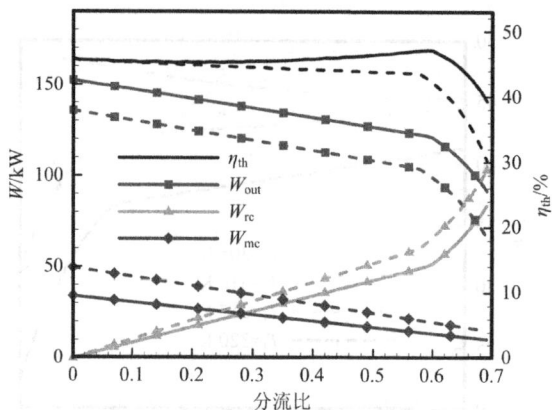

图 5.10　$p_1 = 8.6$ MPa 时系统的循环热效率与输出功随分流比变化曲线（$T_1 = 310$ K）

此外，由上述分析可知低温分流循环与原始再压缩循环相似，在入口温度不同时，也存在最佳入口压力使循环性能最好。图 5.11 给出了不同压缩机入口温度下低温分流循环最大循环热效率随入口压力变化曲线，从图可以看出，在压比和拟临界点的作用下，循环最佳入口压力随着入口温度的增加而增加，一般出现在拟临界点附近。

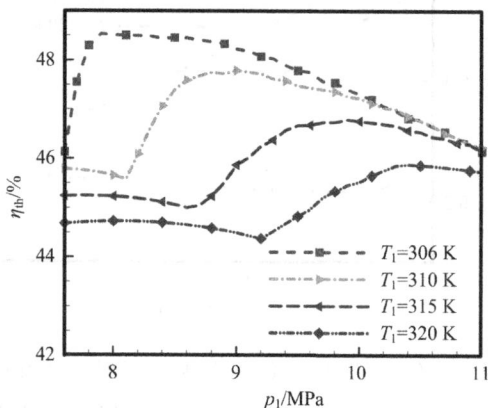

图 5.11　不同压缩机入口温度下低温分流循环最大循环热效率随入口压力变化曲线

值得注意的是，当入口温度增加时，循环热效率随着入口压力的增加先呈现下降趋势，主要原因在于入口压力增加导致循环压比减小，最大循环热效率减小。当入口压力逐渐增加到拟临界点附近时，由于压缩因子降低，压缩功减小，因此循环最大热效率开始上升。也就是说对于低温分流循环，当入口温度改变时，同样存在最佳入口压力使循环热效率最大。

3. 循环最高温度和最高压力

根据第 4 章分析可知，循环最高温度和最高压力会对循环的热效率产生影响，同时也是发动机壁面最高温度以及冷却通道内的压力损失的主要影响因素。图 5.12 所示为不同最高压力下低温分流循环热效率随分流比变化曲线。从图中可以看出，循环最大热效率随着最高压力的增加而减小。前面指出热力循环一般存在最佳压比，当压比大于最佳压比时，随着最高压力的增加，循环热效率将降低。由图可知，低温分流循环热效率随最高压力减小幅度并不大，当压力由 20 MPa 增加到 30 MPa 时约减小了 1%。

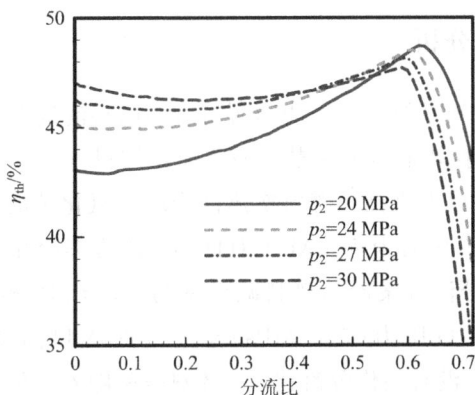

图 5.12　不同最高压力下低温分流循环热效率随分流比变化曲线

在 4.4 小节中指出 Re-SCO$_2$ 中冷却通道循环工质出口温度可以取 1000 K 左右，对于低温分流循环，其性质与再压缩超临界二氧化碳布雷顿循环比较接近，因此可以取较高的循环温度。这里给出循环最高温度分别为 900 K、950 K、1000 K、1050 K 时热效率随分流比变化曲线，如图 5.13 所示。从图中可以看出与前面其他参数的复杂影响不同，循环最高温度越高，循环热效率越大，因此在进行系统参数选取时应尽量选取较高的循环温度。

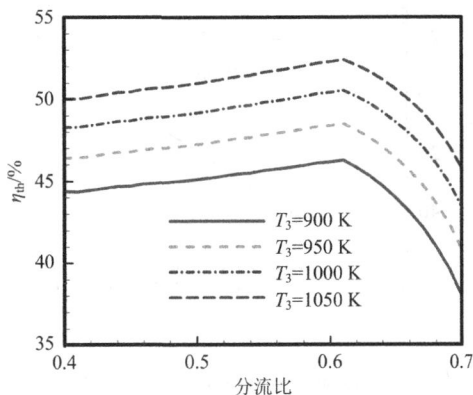

图 5.13　不同最高温度下低温分流循环热效率随分流比变化曲线

综上所述，与原始再压缩循环不同，低温分流循环不一定存在最优分流比。当压缩机入口温度和压力在临界点或拟临界点附近时，循环存在最优分流比，且最优分流比即为夹点位置改变时对应的分流比。而当压缩机入口温度大于拟临界温度或者入口压力小于拟临界压力时，低温分流循环不存在最优分流比，分流比为 0 时循环热效率最高，且随着分流比的增加循环热效率减小。

5.3.2　系统冷却性能分析

由第 4 章分析结论可知系统冷却性能即所需冷却燃料流量大小主要受到燃料最终出口温度影响，为了优化燃料换热器内的换热过程，当压缩机入口压力取临界压力时，压缩机入口温度应该取临界温度以上来减小燃料换热器冷端二氧化碳的比热容，因此这里取压缩机入口温度为 319 K、入口压力为 7.6 MPa 对低温分流方案冷却性能进行初步分析。

图 5.14 给出了低温分流方案冷却燃料减少率与循环热效率随分流比的变化曲线。根据上节分析可知，由于入口压力（7.6 MPa）小于此时入口温度下的拟临界压力（10.2 MPa），因此低温分流循环没有最优分流比，循环热效率随着分流比增加而单调递减。从图中可以看出，当分流比较小时冷却燃料减少率为负值，随着分流比的增加冷却燃料减少率逐渐增大，在分流比为 0.67 时达到最大值 29.3%，比简单超临界二氧化碳循环方案提高了约 11%。也就是说与原始再压缩方案相比，低温分流方案仅通过改变分流点的位置便能够达到减少冷却燃料的流量的效果。

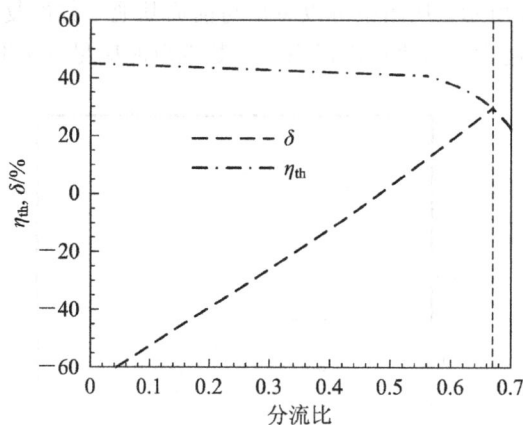

图 5.14　低温分流方案冷却燃料减少率与循环热效率随分流比变化曲线

同时从图 5.14 中还可以看出，当冷却燃料减少率达到最大值后开始下降，且此时曲线与循环热效率曲线重合。冷却燃料流量主要受到燃料出口温度的影响，图 5.15 给出了低温分流方案冷却燃料流量以及燃料出口温度随分流比变化曲线。由图可知燃料出口温度随着分流比增加而增加，因此所需冷却燃料流量随着也随之减小。对于低温分流方案，燃料换热器中二氧化碳入口温度为 T_8，该温度会随着分流比的增加而上升。当二氧化碳入口温度增加时，相应地燃料换热器内燃料的出口温度也会增加。而当燃料出口温度达到给定的最大值时（650 K），由公式（5.3）可知此时冷却燃料流量只与循环热效率有关。因此当分流比大于 0.67 时冷却燃料流量随着热效率的降低开始增加，此时冷却燃料减少率等于循环热效率，两者曲线重合。

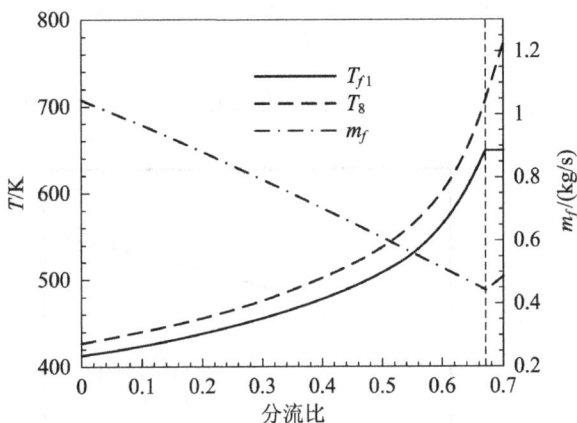

图 5.15　低温分流方案冷却燃料流量与燃料出口温度随分流比的变化曲线

进一步给出低温分流方案输出功以及壁面总热量随分流比变化曲线如图 5.16 所示，由图可知壁面总热量几乎保持不变，因此输出功变化与循环热效率变化曲线一致，随着分流比的增加而减小。第 2 章指出发动机壁面热量主要与壁面温度分布有关，图 5.17 给出了不同分流比时燃烧室壁面温度分布。在起始段由于冷却通道入口处二氧化碳温度（T_7）随着分流比增加而增大，因此分流比较大时入口处壁面温度较高。但是由于冷却通道出口处二氧化碳温度（T_3）保持不变，入口温度越高，所需二氧化碳流量越大，换热系数越大，因此在出口处壁面温度反而较低。总的来说燃烧室壁面温度分布随分流比变化不大，因此壁面热流密度以及壁面总热量也基本保持不变。

在前面章节分析了压缩机入口温度与入口压力、循环最高温度与最高压力对低温分流循环热效率的影响。这里选取压缩机入口温度（T_1）与循环最高压力（p_2）两个参数分析其对系统冷却性能的影响。压缩机入口温度主要对燃料最终出口温度与循环热效率有较大影响，循环最高压力会影响循环压比以及燃料换热器二氧化碳的入口温度。

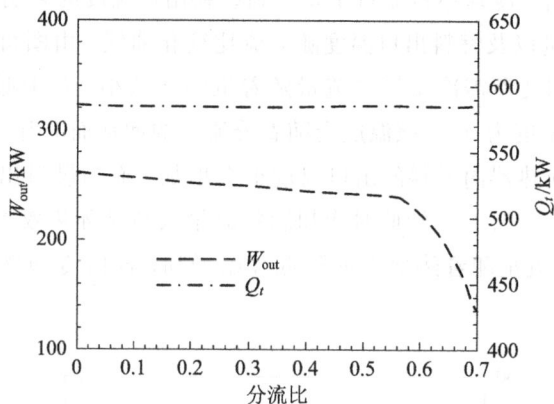

图 5.16   低温分流方案输出功与壁面总热量随分流比变化曲线

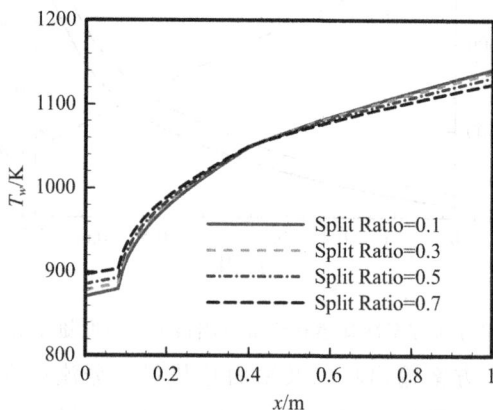

图 5.17   不同分流比时壁面温度分布

　　图 5.18 给出了低温分流方案冷却燃料减少率随压缩机入口温度和最高压力变化规律,由图可知最大冷却燃料减少率随着入口温度的增加逐渐增大。压缩机入口温度较低时,最大冷却燃料减少率为负值,当入口温度增大到一定值时,冷却燃料减少率等于此时的循环热效率。此外,最高压力对冷却燃料减少率影响较小,随着最高压力增加,呈现缓慢上升趋势。

　　图 5.19 给出了燃料出口温度随压缩机入口温度和循环最高压力变化规律,从图中可以看出,当压缩机入口温度较低时,由于燃料换热器冷端二氧化碳比热容较大,受到夹点影响燃料出口温度较低,因此虽然此时循环热效率较高,但系统最大冷却燃料减少率为负值。当压缩机入口温度增加到一定值时,燃料出口温度达到最大,因此冷却燃料减少率等于循环热效率。

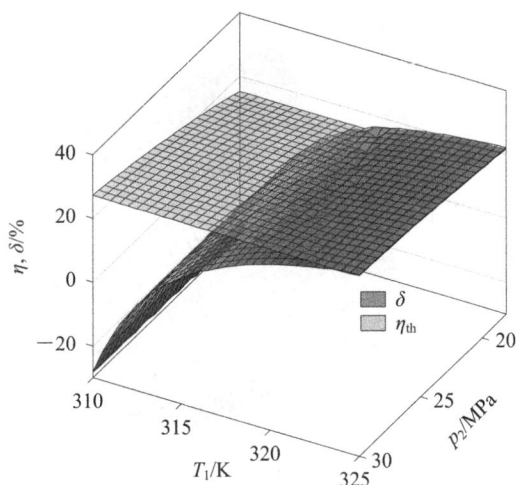

图 5.18　低温分流方案冷却燃料减少率随压缩机入口温度和最高压力变化规律

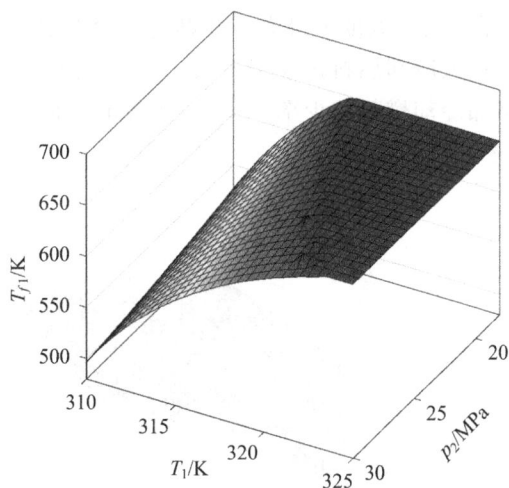

图 5.19　燃料出口温度随压缩机入口温度和循环最高压力变化规律

当燃料出口温度达到最大值时，继续增加压缩机入口温度，最大冷却燃料减少率会随之增加，原因在于当压缩机入口温度较低时，为了获得较大的燃料出口温度，需要取较大的分流比来得到较高的燃料换热器内二氧化碳入口温度。而当压缩机入口温度增加时，所需要的二氧化碳入口温度减小，相应的分流比也减小，如图 5.20 所示。由前面分析可知低温分流循环热效率随着分流比的减小而增加，因此冷却燃料减少率也增大。但是当压缩机出入口温度较高时，冷却燃料减少率随入口温度的增加又呈现下降趋势。

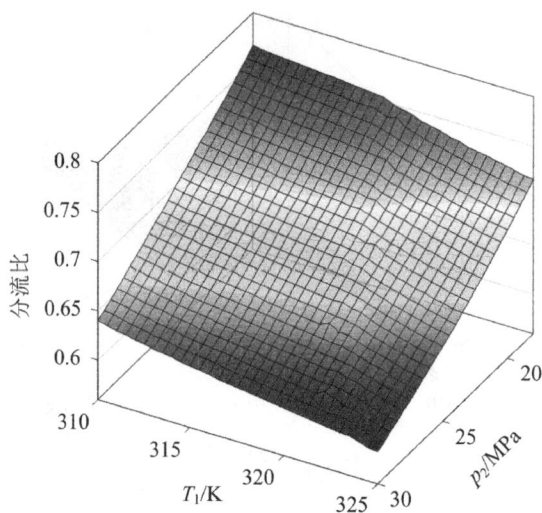

图 5.20　最佳分流比随压缩机入口温度和循环最高压力变化规律

图 5.21 给出了不同循环最高温度下最大冷却燃料减少率变化规律，从图中可以看出，温度越高，低温分流方案最大冷却燃料减少率越大，主要原因在于提高循环最高温度可以提升循环热效率，进而增加冷却燃料减少率。因此，在满足壁面最高温度要求下，循环最高温度越高系统冷却性能越好。

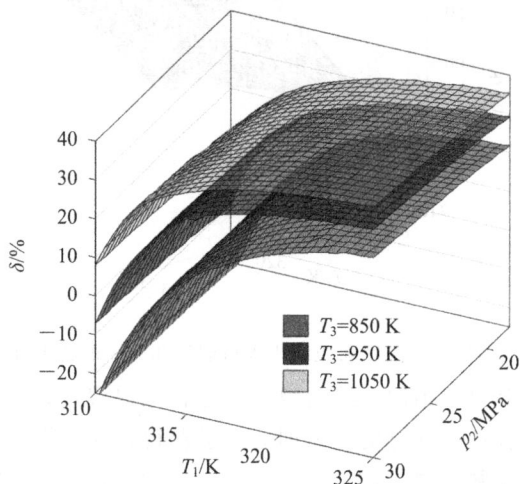

图 5.21　不同循环最高温度下最大冷却燃料减少率变化规律

图 5.22 给出了不同压缩机入口压力下最大冷却燃料减少率变化规律，由图可知，入口

压力越低，最大冷却燃料减少率越大。根据二氧化碳比热容变化曲线可知，当压缩机入口压力越低时，相同入口温度下燃料换热器冷端二氧化碳比热容也较小，夹点对燃料与二氧化碳的换热过程影响程度较弱，燃料可以取得较高的出口温度，此时冷却燃料减少率也较大。值得注意的是，对于不同的入口压力，都有一个最小压缩机入口温度来保证冷却燃料减少率为正值，入口压力越高，该最小值越大。

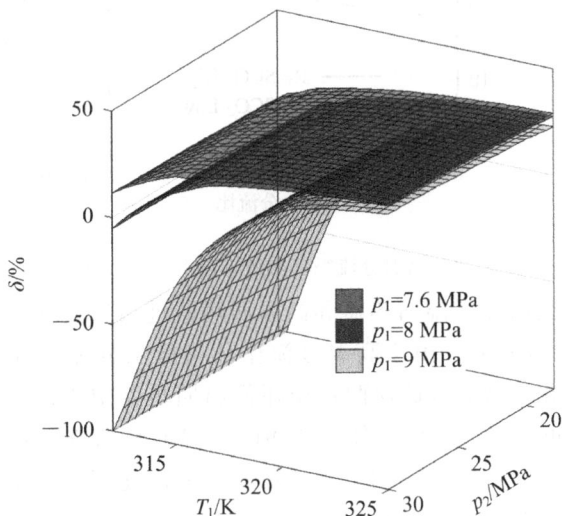

图 5.22　不同压缩机入口压力下最大冷却燃料减少率变化规律

5.4　高温分流方案性能影响参数分析

5.4.1　循环性能影响因素分析

1. 分流比

高温分流方案(也称高温分流循环)热效率随分流比变化曲线如图 5.23 所示，从图中可以看出与原始再压缩循环相似，也存在最优分流比使循环热效率最大。前面提到，当分流比为 0 时，高温分流循环等效于简单超临界二氧化碳布雷顿循环，由图可知高温分流循环热效率总是大于简单超临界二氧化碳布雷顿循环，相同参数下最大循环热效率约提升 10.9%。但是与低温分流方案相比，循环热效率大幅降低，特别是当分流比较小时。

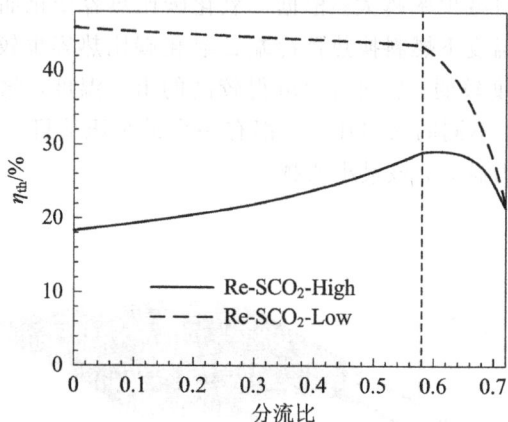

图 5.23　高温分流循环热效率随分流比变化曲线

同理给出高温分流循环低温回热器和高温回热器进出口流体温度以及夹点位置随分流比变化曲线如图 5.24 所示。由于高温分流循环与低温分流循环中低温回热器两侧工质的流量随分流比变化一致，因此这两种循环低温回热器中进出口流体温度以及夹点位置变化相同，这里不再赘述。而高温分流循环的高温回热器则与低温分流方案和原始再压缩方案不同，高温侧工质流量受到分流比影响，分流比越大高温侧工质流量越大，但总小于低温侧流量，夹点位置也一直出现在高温回热器冷端，且当分流比较小时，由于高温侧工质流量较小，导致低温侧循环工质出口温度较低，即循环工质进入燃烧室的温度 T_7 较低。

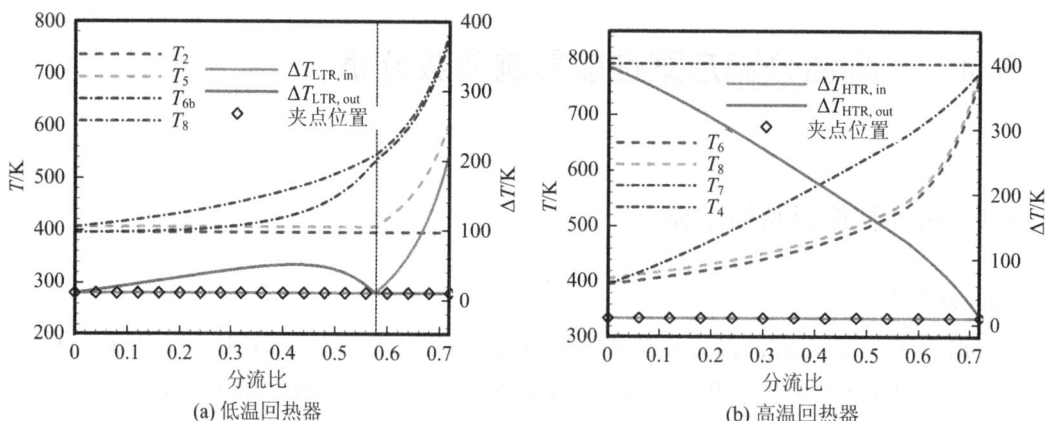

(a) 低温回热器

(b) 高温回热器

图 5.24　高温分流循环低温回热器和高温回热器进出口流体温度以及夹点位置随分流比变化曲线

对比图 5.23 与图 5.24(a) 可知，虽然高温分流循环存在最优分流比，但是该值与夹点位置改变时的分流比不相同，如图 5.23 中最优分流比为 0.61，而转折点分流比为 0.58。图 5.25 给出了高温分流循环输出功随分流比变化曲线。由于分流比较低时燃烧室入口工质温度 T_7 较低，因此循环的吸热量远远大于低温分流循环和原始再压缩循环，循环的热效率也主要受到循环吸热量变化的影响。当分流比低于转折分流比 0.58 时，随着分流比的增加循环输出功减小，同时循环吸热量也迅速降低，输出功减小量低于吸热量的降低，最终循环热效率快速增加。

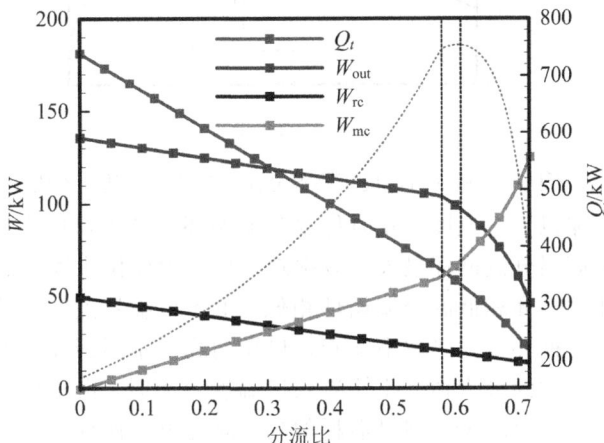

图 5.25　高温分流循环输出功随分流比变化曲线

当分流比大于 0.58 时，再压缩机入口温度增加，压缩机消耗的功也迅速增加，循环净输出功迅速减小，但是此时热效率并没有像原始再压缩循环一样随之降低，主要原因在于此时循环的吸热量也在迅速减小，减小幅度大于输出功的下降幅度，循环热效率仍缓慢上升。当分流比继续增加大于最优分流比 0.61 时，循环输出功减小程度大于吸热量的降低程度，循环热效率开始降低，因此最优分流比大于夹点位置改变时的分流比。

2. 压缩机入口温度与入口压力

图 5.26 给出了不同压缩机入口温度下高温分流循环热效率随分流比变化曲线，其中压缩机入口压力取 7.6 MPa。由图可知，随着入口温度的增加，压缩机消耗的功增加，系统最大热效率减小。同时可以看出当入口温度较高时高温分流循环热效率不再总是大于简单超临界二氧化碳布雷顿循环，在分流比较大时会低于简单循环。值得注意的是，随着入口温度的增加，最优分流比和转折分流比同时减小，且两者差值也逐渐缩小，如图中当入口温度为 340 K 时，两个分流比重合。这些主要原因在于当入口温度过高时，此时再压缩机入口处二氧化碳远远偏离临界点，当夹点改变时再压缩机消耗功也迅速增加，大于循环吸热量的减小量，此时循环热效率也开始下降。

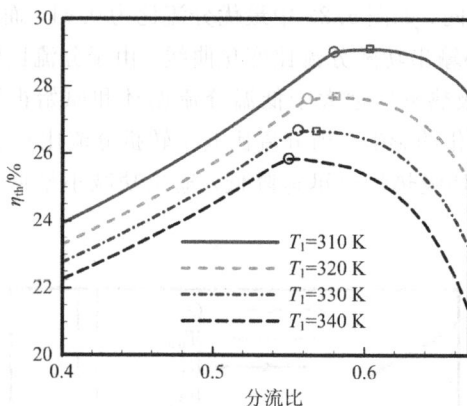

图 5.26　不同压缩机入口温度下高温分流循环热效率随分流比变化曲线

前面分析了当压缩机入口温度变化时低温分流循环最佳入口压力的选取，同理给出不同压缩机入口温度下高温分流循环最大热效率随入口压力变化曲线，如图 5.27 所示。高温分流循环与原始再压缩循环和低温分流循环相似，由于拟临界点和压比的共同作用，导致入口温度大于临界点时循环最大热效率随着入口压力先增加后减小，当入口压力取拟临界压力附近时最大热效率达到最大值。此外当入口温度过大时，由于拟临界压力较高，此时取拟临界点附近压力虽然会减少压缩机消耗的功，但是由于循环压比过小，导致循环热效率也较低。总的来说，当入口温度较低时，取拟临界点附近压力系统热效率最高，当入口温度达到一定值时，入口压力越低循环热效率越高。

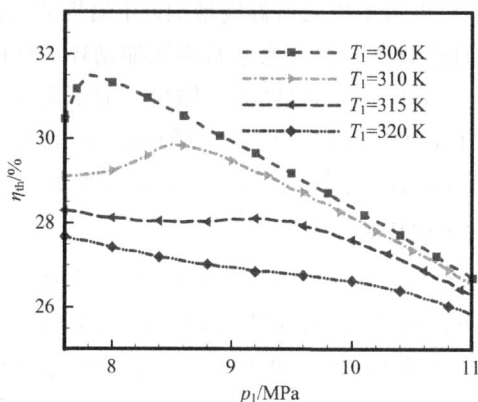

图 5.27　不同压缩机入口温度下高温分流循环最大热效率随入口压力变化曲线

3. 循环最高温度与最高压力

图 5.28 给出了不同最高温度下高温分流循环热效率随分流比变化曲线，由图可知循环最大热效率随着最高温度的增加而增加。高温分流循环与原始再压缩循环相同，循环最

高温度对转折分流比影响较小，不同的是其最优分流比受到影响较大。当最高温度较小时，转折分流比和最优分流比重合。随着最高温度增加，最优分流比也逐渐增大，此时转折分流比与最优分流比不再重合。这些主要原因在于随着最高温度的增加，涡轮的输出功增加，而压缩机消耗功受到最高温度的影响较小，系统输出功的降低程度小于吸热量的减小程度，因此当分流比大于转折分流比时循环的热效率会继续增加，最终循环热效率最大时对应的最优分流比大于转折分流比。

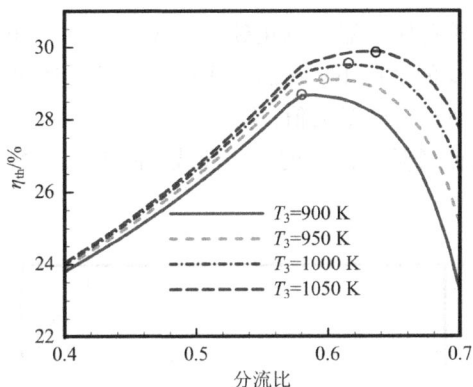

图 5.28　不同最高温度下高温分流循环热效率随分流比变化曲线

与最高温度的影响相似，最高压力也会影响高温分流循环最大热效率以及对应的最优分流比，如图 5.29 所示。由图可知，循环最大热效率随着最高压力的增加而增加，且对应最优分流比逐渐接近转折分流比，当压力达到一定值时，两个分流比重合。这些主要原因在于高温分流循环最高压力较大时，压缩机进出口压比也较高，当分流比大于转折分流比时压缩机消耗的压缩功迅速增加，系统输出功减小幅度大于吸热量减小的幅度，因此循环热效率开始下降，最大热效率出现在转折分流比处，最优分流比与转折分流比重合。

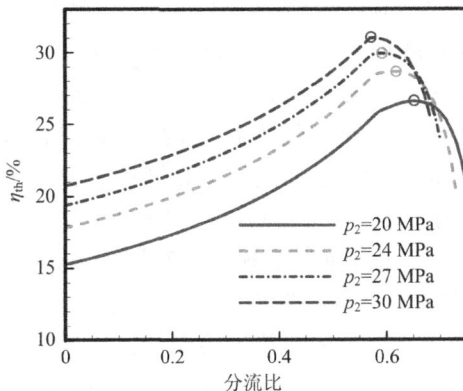

图 5.29　不同最高压力下高温分流循环热效率随分流比变化曲线

综上所述，高温分流循环与原始再压缩循环一样存在最优分流比，但是最优分流比与夹点位置改变时的分流比不一定相同，还受到循环参数的影响。高温分流循环的最大热效率介于简单超临界二氧化碳布雷顿循环和低温分流循环之间，主要参数如压缩机入口温度和压力、循环最高温度和压力对循环性能的影响规律与低温循环、原始再压缩循环相似。

5.4.2　系统冷却性能分析

对于高温分流方案，燃料换热器二氧化碳入口温度为涡轮出口处循环工质温度，在循环压力和最高温度保持不变的情况下，该温度也恒定不变，通过选取合适的压缩机入口温度，燃料出口温度便能达到给定的最大值。图 5.30 给出了高温分流方案冷却燃料减少率、循环热效率以及冷却燃料流量随分流比的变化曲线，同理取压缩机入口温度 319 K 进行初步分析。

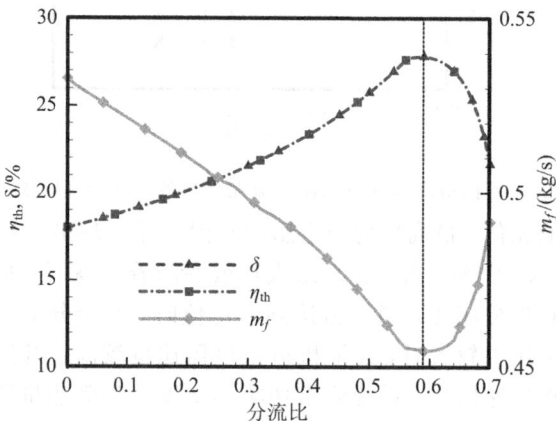

图 5.30　高温分流方案冷却燃料减少率、热效率及冷却燃烧流量随分流比变化曲线

由图 5.30 可知冷却燃料减少率与循环热效率曲线重合，主要原因在于燃料换热器二氧化碳进口温度足够高，燃料出口温度可以达到最大值，此时冷却燃料流量主要受到循环热效率影响，冷却燃料减少率等于循环热效率。随着分流比增加，循环热效率提高，所需冷却燃料流量减小，在最优分流比时，循环热效率和燃料减少率同时达到最大值。从图中可以看出，当分流比为 0.59 时，最大冷却燃料减少率为 27.8%，与低温分流循环相比减小了约 1.5%，但比简单超临界二氧化碳布雷顿循环方案提高了 9.5%。

同理给出高温分流方案输出功以及壁面总热量随分流比变化曲线如图 5.31 所示，与低温分流方案不同，高温分流方案壁面总热量随着分流比的增加而下降，但因下降幅度较小，输出功主要受到循环热效率的影响，与循环热效率曲线变化一致。图 5.32 给出了高温分流方案在不同分流比下燃烧室壁面温度分布，由图可知高温分流循环壁面温度分布随分流比变化较大,当分流比较低时,由于冷却通道工质入口温度较低,因此起始段壁面温度较低,因此整个壁面平均温度较低,壁面总热量较大。随着分流比的增加入口温度升高,壁面平均温度也升高,壁面总热量缓慢下降。

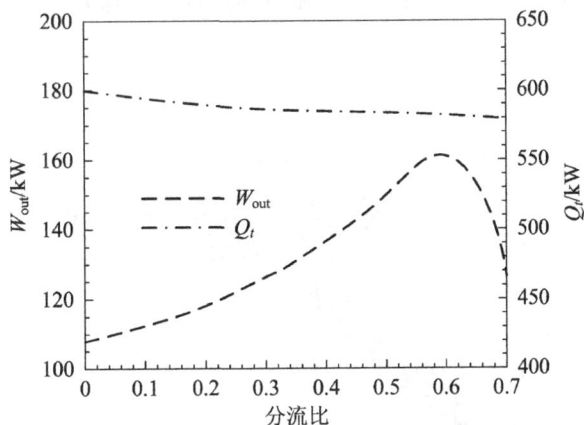

图 5.31　高温分流方案输出功和壁面热量随分流比变化曲线

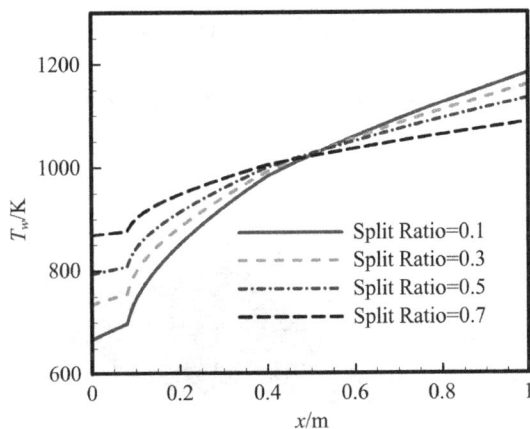

图 5.32　高温分流方案在不同分流比下壁面温度分布

高温分流方案最大冷却燃料减少率和循环热效率随压缩机入口温度与循环最高压力变化曲线如图 5.33 所示。与低温分流循环类似,当压缩机入口温度增加到一定值时,燃料出口温度达到最大,如图 5.34 所示,此时冷却燃料减少率等于循环热效率。不同的是此时继续增加燃料入口温度会造成冷却燃料减少率和循环热效率的下降。其原因在于高温分流方案燃料换热器二氧化碳入口温度不随分流比变化,系统循环热效率最大时冷却燃料减少率也达到最大值,根据前面分析可知高温分流方案最大热效率随着入口温度的增加而降低,因此冷却燃料减少率也随之下降。此外,随着最高压力增加,冷却燃料减少率也缓慢增加。也就是说对于高温分流循环,在保证燃料出口温度达到最大值的前提下,压缩机入口温度越低、循环最高压力越大,冷却燃料减少率和循环热效率就越大。

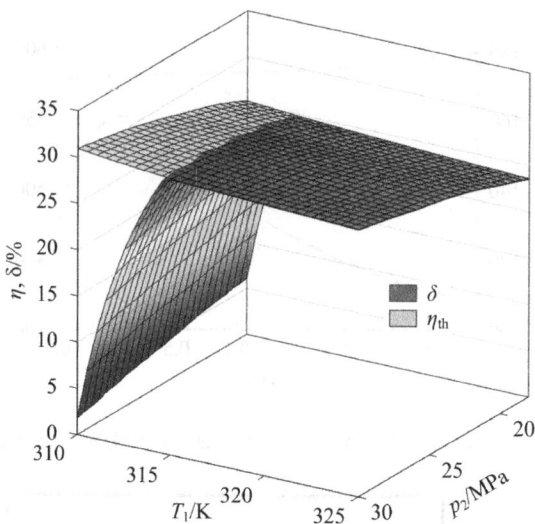

图 5.33　高温分流方案最大冷却燃料减少率和循环热效率随压缩机入口温度与最高压力变化曲线

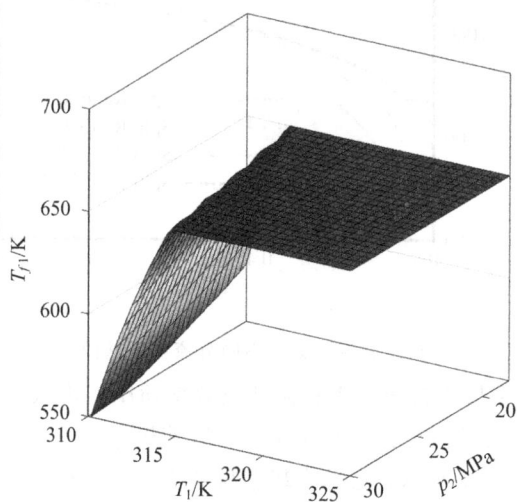

图 5.34　燃料出口温度随压缩机入口温度和最高压力变化曲线

图 5.35 和图 5.36 分别给出了高温分流方案在不同循环最高温度和不同压缩机入口压力下最大冷却燃料减少率变化规律,由图可知与低温分流方案类似,循环最高温度越高,压缩机入口压力越小,最大冷却燃料减少率越大。此外当循环最高温度较低时,由于涡轮出口温度降低,即燃料换热器二氧化碳入口温度降低,在入口温度较小时冷却燃料减少率可能为负值。

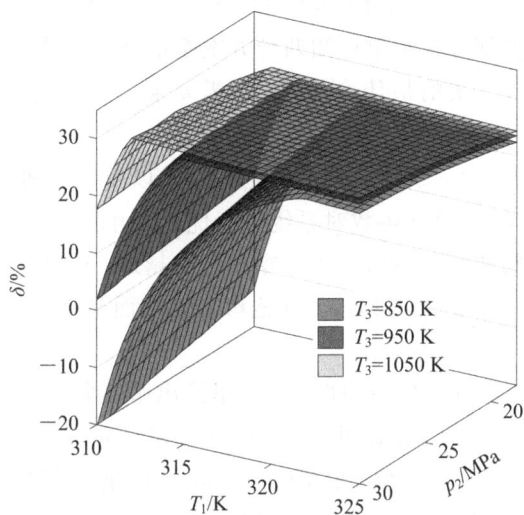

图 5.35　高温分流方案在不同温度下最大冷却燃料减少率变化规律

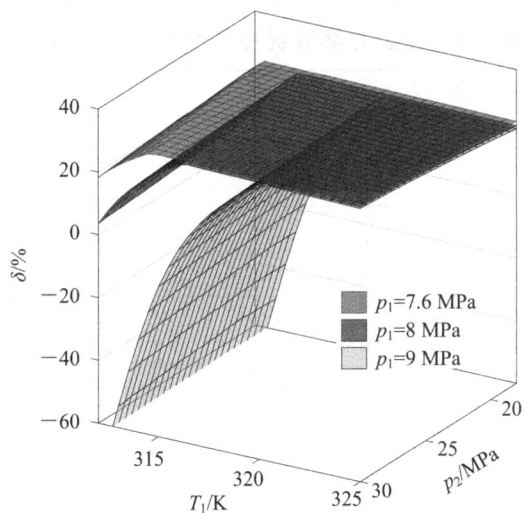

图 5.36　高温分流方案在不同压缩机入口压力下最大冷却燃料减少率变化规律

5.5 低温分流方案与高温分流方案最优冷却性能对比

前面小节分析了相关参数对两种新型方案(低温分流方案和高温分流方案)循环热效率以及冷却性能的影响,根据分析结果可知两种方案都能够减少冷却燃料流量并且获得较大的输出功。为了比较两种方案的最佳冷却性能,需要求出其最优运行参数,得到最大冷却燃料减少率与相应的输出功率。

这里选取循环最高压力(p_2)、循环最高温度(T_3)以及压缩机入口温度(T_1)为设计变量,以冷却燃料减少率(δ)为目标函数对系统进行优化。由前面分析结果可知,压缩机入口压力越小,最大冷却燃料减少率越大,系统冷却性能越好。因此本节中压缩机入口压力不作为设计变量,直接取最小值 7.6 MPa。其他参数如壁面最高温度、冷却通道压力损失等与前面章节保持一致。

为了得到不同冷却方案的最优冷却性能,这里给出循环最高压力为 25 MPa 以及不限制最高压力的计算结果,如表 5.1 所示。由表可知,当给定最高压力为 25 MPa 时,两种方案的最高压力与最高温度都达到了最大值。根据前面分析可知,循环最高压力与最高温度越高,系统冷却燃料减少率越大。此外两种方案燃料出口温度也达到了给定的最大值,说明燃料最终出口温度是影响系统冷却性能的主要因素。由于各个方案布局不同,燃料换热器内二氧化碳入口温度不相同,因此当燃料出口温度达到最大值时压缩机入口温度也不相同。

表 5.1 新型方案最优冷却性能参数计算结果

方案	最高压力 $p_{2\,max}=25$ MPa		不限制最高压力 p_2	
	Re-SCO$_2$-Low	Re-SCO$_2$-High	Re-SCO$_2$-Low	Re-SCO$_2$-High
p_2/MPa	25	25	34	53
T_3/K	1027	992	1015	997
T_1/K	328	313	328	317
T_{wmax}/K	1200	1200	1200	1200
Q_t/kW	531.3	557.5	549.1	554.6
η_{th}/%	37.4	28.9	38.5	33.5
W_{out}/%	198.7	161.1	211.4	185.8
T_{f1}/K	650	650	650	650
δ/%	37.4	28.9	38.5	33.5

　　进一步从表中可以看出：两种方案冷却性能都优于第 4 章中的 SCBC(18.3%)，冷却燃料减少率分别提高了约 19.1% 与 10.6%；低温分流方案冷却性能较优于高温分流方案，冷却燃料减少率达到了 37.4%，比高温分流方案高约 8.5%；当不限制最高压力时，两种方案最大冷却燃料减少率最高可达 38.5% 与 33.5%，比压力为 25 MPa 时提升了约 1.1% 与 4.6%，但此时最高压力分别为 34 MPa 与 53 MPa。虽然提高循环最高压力可以增加冷却燃料减少率，提高系统冷却性能，但效果十分有限，且过高的循环压力会给部件的设计制造增加困难，因此在进行参数选取时循环最高压力取 25 MPa 较为合适。

　　值得注意的是，虽然低温分流方案最大冷却燃料减少率大于高温分流方案，但是根据 5.3 节分析可知低温分流方案冷却燃料减少率随分流比变化较大，即在不同分流比下冷却燃料减少率可能出现负值。图 5.37 给出了两种方案在最优循环参数下冷却燃料减少率随分流比变化曲线。由图可知，当分流比较小时低温分流方案冷却燃料减少率为负，并且只有当分流比大于 0.55 时低温分流方案冷却燃料减少率才高于高温分流方案，而高温分流方案在整个分流比区间内都能保持较高的冷却燃料减少率，也就说低温分流方案可用的分流比范围远小于高温分流方案。因此，从系统稳定性角度来讲，高温分流方案更适合应用于高超声速飞行器。

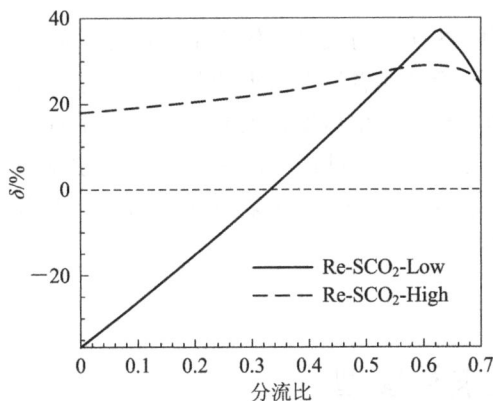

图 5.37　最优循环参数下冷却燃料减少率随分流比变化曲线

第6章 热防护与发电一体化系统变工况特性研究

6.1 引言

在实际的应用过程中,热防护与发电一体化系统可能会偏离额定工况在非设计工况下运行,如飞行工况改变以及冷却或者发电需求变化都会对系统的运行工况产生影响,相应的循环参数也会改变。当循环参数偏离设计点时,主要部件的性能和进出口循环工质状态都会发生变化,导致循环性能改变,同时引起热环境改变,进而影响整个系统的性能。因此有必要对热防护与发电一体化系统的变工况特性进行研究,为热防护与发电一体化系统设计点的选取提供参考依据。

6.2 变工况求解模型

变工况分析与设计条件下求解的主要区别在于部件的性能以及进出口循环工质的温度与压力会随着循环参数的变化而改变,如在前面章节分析时压缩机和涡轮的等熵效率是固定的,而在变工况求解时,部件的性能需要根据相关循环参数进行确定。本节主要考虑涡轮机械如主压缩机、再压缩机以及涡轮等部件的变工况性能,并根据具体的循环布置方案,理清相关参数的传递过程,建立热防护与发电一体化系统的变工况求解模型。

6.2.1 循环布置方案

在建立系统变工况分析模型前,需要确定超临界二氧化碳循环的具体布置方案,以便将部件的各个参数联系起来建立求解模型。这里的布置方案主要指涡轮与压缩机的连接方式,一般分为同轴式循环布置方案和分轴式循环布置方案两种,分别如图 6.1 和图 6.2 所示。同轴式循环布置方案中主压缩机(MC)与涡轮使用同一主轴连接,当二氧化碳通过涡轮做功带动转轴转动时,压缩机同时转动将二氧化碳压缩,因此主压缩机转速与涡轮转速保持一致。而在分轴式循环方案中,主压缩机与涡轮主轴不相连,需要采用单独的电机为主压缩机提供动力。与同轴式循环方案相比,分轴式循环布置方案可以对主压缩机和涡轮转速分别进行调节,方案更加灵活。但该方案布置较为复杂且会带来额外的能量损失,因此一般多采用同轴式循环布置方案,实现压缩机-发电机-涡轮一体化设计。

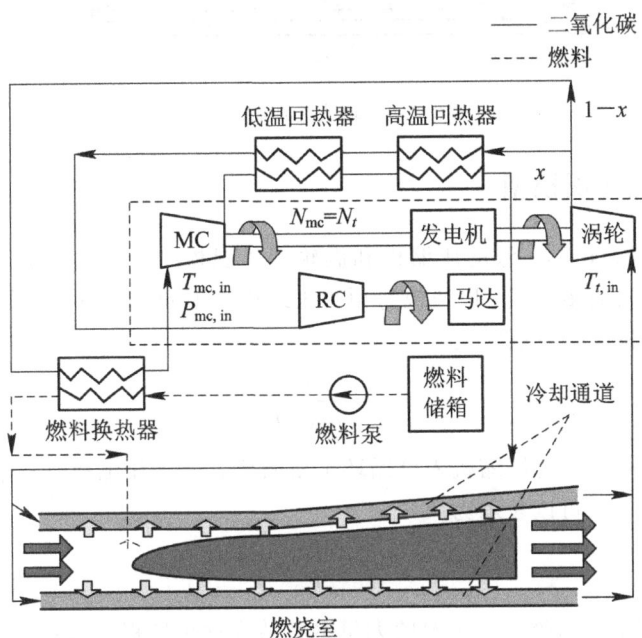

图 6.1 同轴式循环布置方案

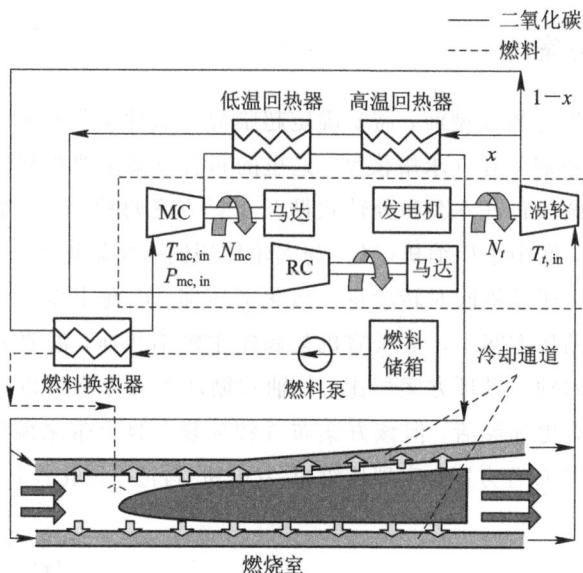

图 6.2　分轴式循环布置方案

6.2.2　压缩机变工况模型

可以采用与文献[142]一致的压缩机和涡轮变工况模型，通过无量纲化方法将压缩机效率拟合为流量系数的多项式，以便快速预测压缩机在不同工况下的性能变化。

首先给出压缩机流量系数定义：

$$\phi = \frac{\dot{m}}{\rho_{in} U D^2} \tag{6.1}$$

其中，$\dot{m}$ 为质量流量，ρ_{in} 为压缩机入口循环工质密度，D 为压缩机转子直径，U 为叶尖转速，U 与 D 之间的关系可以表示为

$$U = \frac{D}{2} N \tag{6.2}$$

其中 N 为压缩机转速。另外一个重要的无量纲参数为理想扬程系数：

$$\psi_i = \frac{\Delta h_i}{U^2} \tag{6.3}$$

式中 Δh_i 为压缩机工质进出口等熵过程比焓差。当已知压缩机入口温度与压力时，可通过 NIST 物性库求得入口循环工质比焓和比熵，通过入口比熵和出口压力便可得到等熵过程的循环工质出口比焓，即可求得比焓差。

压缩机性能可以用以下多项式表示：

$$\psi = 0.04049 + 54.7\phi - 2505\phi^2 + 53224\phi^3 - 498626\phi^4 \tag{6.4}$$

$$\eta = -0.7069 + 168\phi - 8089\phi^2 + 182725\phi^3 - 1638000\phi^4 \tag{6.5}$$

当得到设计工况下的参数如转速（N_{design}）和转子直径（D_{design}）后，便可通过修正的关系式来求解变工况下的性能参数，即

$$\phi^* = \frac{\dot{m}}{\rho_{in}UD^2}\left(\frac{N}{N_{design}}\right)^{1/5} \in [0.02, 0.05] \tag{6.6}$$

$$\psi_i^* = \frac{\Delta h_i}{U^2}\left(\frac{N}{N_{design}}\right)^{(20\phi^*)^3} \tag{6.7}$$

$$\eta^* = \eta\left(\frac{N_{design}}{N}\right)^{(20\phi^*)^5} \tag{6.8}$$

从上面的公式可知压缩机性能主要与修正的流量系数和转速有关，当这两个参数保持不变时，压缩机将工作在设计工况下，意味着其热效率与进出口循环工质状态也保持不变。

以第 5 章两种新型方案（低温分流方案和高温分流方案）最优性能参数计算结果为例，初步计算主压缩机设计点参数与变工况性能变化规律，其中性能最优时主压缩机二氧化碳入口温度、压力分别为 313 K 与 7.6 MPa，出口为 404 K 与 25 MPa，二氧化碳循环工质流量为 1.56 kg/s。首先给出式（6.4）～式（6.5）所示压缩机热效率与扬程系数随流量系数变化曲线，如图 6.3 所示。一般当压缩机工作在设计点时其热效率最高，因此根据图中曲线取设计点流量系数 ϕ 为 0.02971，进而可以得到此时扬程系数 $\psi_i = 0.468$。然后根据压缩机入口与出口二氧化碳状态参数，联立式（6.1）～式（6.3）求解便可得到设计点压缩机转子直径（D_{design}）与转速（N_{design}）分别为 0.026 m 和 24600 rad/s。

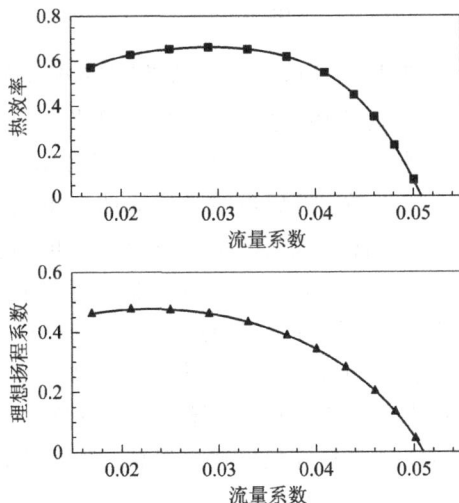

图 6.3　压缩机热效率与扬程系数随流量系数变化曲线

当得到压缩机设计点参数后，便可求出不同工况时压缩机的性能变化。图 6.4 给出了压缩机出口循环工质温度与压力以及热效率随转速变化曲线，其中压缩机入口处二氧化碳状态以及流量不变，竖线代表设计点转速以及对应的设计点相关参数取值。由图可知，随着转速的增加，循环工质出口压力与温度增加，其主要原因在于转子直径不变时叶尖转速 U 随着转速增加而增大，在扬程系数变化不大的情况下循环工质进出口等熵比焓差 Δh_i 增加，因此压缩机出口循环工质的温度与压力增加。同时从图中还可以看出，压缩机热效率在设计点时最大，转速偏离设计点会导致热效率下降，且当转速小于设计点转速时热效率下降较快。由压缩机热效率随流量系数变化曲线可知，当流量系数增大时热效率曲线下降幅度较大，在工质流量不变情况下压缩机转速小于设计点时会引起流量系数增大，因此图中热效率在转速小于设计点时迅速下降。

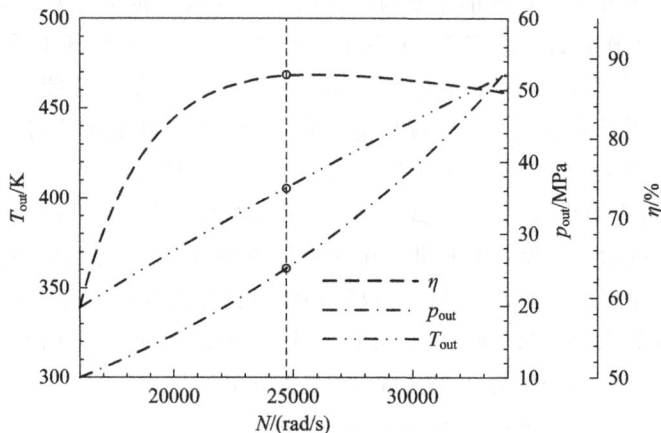

图 6.4　压缩机出口循环工质温度与压力以及热效率随转速变化曲线

另外，当发动机工况改变引起热环境变化时，需要调节二氧化碳的流量来满足壁面冷却需求，此时压缩机入口二氧化碳流量也会发生变化。通过给定新的压缩机转速，根据公式 (6.6) 可以求得修正后的流量系数，然后再结合性能曲线得到修正后的扬程系数与热效率，代入相关公式即可得到新压缩机热效率与出口循环工质的温度和压力。

图 6.5 给出了当出口压力固定为 25 MPa 时压缩机转速与热效率随二氧化碳流量变化曲线，图中竖线代表设计点转速及对应的设计点相关参数取值。由图可知，当流量偏离设计点时也会导致压缩机的热效率降低，且当流量大于设计点流量时压缩机热效率下降幅度较大。类似的，流量增加会引起流量系数增大，导致压缩机热效率下降较快。此外从图中还可以看出，二氧化碳流量越大，所需压缩机转速也越高。由扬程系数曲线可知，扬程系数随流量系数的增加而减小，当压缩机出口压力固定时，循环工质进出口理想等熵比焓差 Δh_i 不变，又由公式 (6.3) 可知叶尖转速 U 增加，因此压缩机转速增加。对于二氧化碳出口温

度，由于出口压力与入口压力不变，因此二氧化碳出口温度变化不大，随着热效率的降低而略微升高，在设计点时最小。

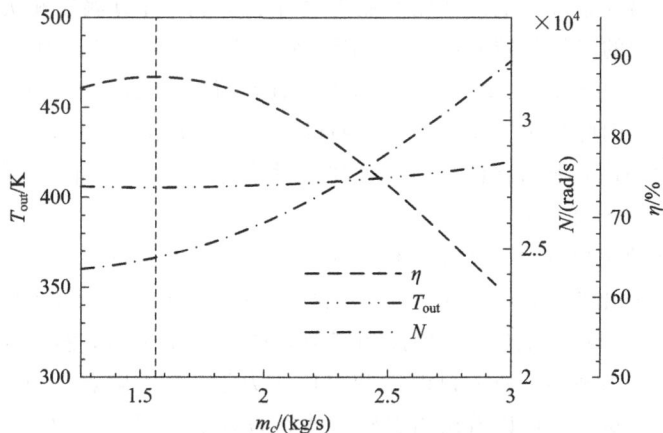

图 6.5　压缩机转速与热效率随二氧化碳流量变化曲线

　　总体看来，本小节给出的压缩机变工况模型可以较好地预测相关运行参数偏离设计点时压缩机性能变化与出口循环工质状态。利用该模型可以进一步求解热防护与发电一体化系统的变工况特性。

6.2.3　涡轮变工况模型

　　除压缩机外，涡轮作为系统中的主要做功部件，对它的变工况性能预测也十分重要。作为初步分析，这里以向心式涡轮结构为例展开。对于向心式涡轮，循环工质的质量流量主要取决于入口条件以及涡轮的几何结构，受涡轮转速的影响较小，即有

$$\dot{m} = C_s A_{\text{nozzle}} \rho_{\text{in}} \qquad (6.9)$$

其中，ρ_{in} 为涡轮入口循环工质密度；A_{nozzle} 为喷嘴有效面积；C_s 为工质喷射速度，可以通过等熵膨胀过程计算，即

$$C_s = \sqrt{2\Delta h_i} \qquad (6.10)$$

式中 Δh_i 为涡轮循环工质进出口等熵过程比焓差。

　　涡轮理想效率曲线可以表示为[142]

$$\eta_{\text{ideal}} = 0.179921 + 1.3567\nu + 1.3668\nu^2 - 3.0874\nu^3 + 1.0626\nu^4 \qquad (6.11)$$

其中 ν 为涡轮叶尖转速与工质喷射速度比值，即

$$\nu = \frac{U}{C_s} \qquad (6.12)$$

当涡轮运行工况偏离设计点时，新工况下的涡轮效率便可通过设计点效率与理想效率的乘

积求得，即

$$\eta = \eta_{\text{design}} \eta_{\text{ideal}} \tag{6.13}$$

同理，下面以第 5 章方案最优性能参数为设计点工况，计算涡轮相关参数改变时性能变化规律。其中涡轮的二氧化碳入口温度、压力分别为 992 K 与 25 MPa，出口为 828 K 与 7.6 MPa，根据式 (6.9)～式 (6.10) 可以求得喷嘴有效面积 A_{nozzle} 为 19.1 mm^2。由于采取同轴式循环布局方案，因此涡轮转速等于主压缩机转速，这里取 24 600 rad/s。当涡轮工作在设计点时其热效率最高，根据其性能曲线可知此时速度比 ν 为 0.7476，结合公式 (6.12) 便可求出涡轮设计点转子直径 $D_{\text{design}} = 0.0393$ m。

考虑到涡轮转速主要取决于主压缩机转速，这里只给出涡轮入口循环工质压力与热效率随二氧化碳流量变化曲线，如图 6.6 所示。由公式 (6.9) 可知，经过涡轮的循环工质流量主要受到循环工质入口压力的影响，因此当二氧化碳流量增加时，涡轮入口压力即循环最高压力也需要增加。当循环工质入口温度和出口压力不变时，随着入口压力的增加，循环工质出口温度下降。从图中可以看出当涡轮工作在设计点工况时热效率最大。与压缩机不同的是，虽然变工况时涡轮热效率也会降低，但下降幅度相对较小。

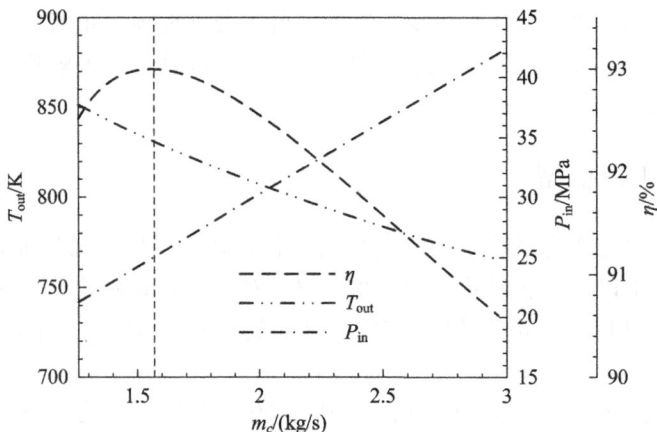

图 6.6 涡轮入口循环工质压力与热效率随二氧化碳流量变化曲线

6.2.4 变工况求解方法

1. 热力循环变工况求解方法

前面简单分析了压缩机与涡轮的变工况性能，在实际的热防护与发电一体化系统中，各个部件之间的相关参数是相互影响的，为了清楚地得到参数之间的传递关系，这里对主压缩机、再压缩机以及涡轮变工况求解时所需的输入变量以及相应的输出变量进行总结，如表 6.1 所示。

表 6.1　主要部件变工况求解所需输入参数与相应的输出参数

部件名称	输入参数	输出参数
主压缩机	设计点参数：N_{design}、D_{design} 工质入口温度：T_1 工质入口压力：p_1 工质流量：m_{mc} 主轴转速：N_{mc}	出口温度：T_2 出口压力：p_2 消耗功：W_{mc}
涡轮	设计点参数：D_{design}、A_{nozzle} 工质入口温度：T_3 工质入口压力：p_2 主轴转速：N_{mc}	出口温度：T_4 工质流量：m_{tc} 输出功：W_t
再压缩机	设计点参数：N_{design}、D_{design} 入口温度：T_5 入口压力：p_1 出口压力：p_2 工质流量：m_{rc}	出口温度：T_6 转速：N_{rc} 消耗功：W_{rc}

　　不同部件所需的输入参数与输出参数主要与其在循环中的作用有关，如同样为压缩部件，出口压力作为主压缩机的输出参数，而在求解再压缩机时却作为输入参数，原因在于当主压缩机以循环工质入口温度和压力来求得出口循环工质温度与压力后，根据循环压力损失便可得到再压缩机出口压力，因此其出口压力作为已知输入条件。值得注意的是，由于主压缩机和涡轮采用同轴设计，两者主轴转速相同，因此相关参数需要联立求解。如当知道主压缩机工质流量 m_{mc}、入口温度与压力以及主轴转速 N_{mc} 时，可以求出其出口压力 p_2，同时以 p_2 作为涡轮的输入参数，结合主轴转速 N_{mc} 以及循环工质入口温度 T_3，可以求得此时流量涡轮的循环工质流量 m_{tc}，该流量需要与压缩机工质流量匹配。因此，对于主压缩机和涡轮，需要迭代求解相关参数来同时满足两者要求。

　　为了得到工况改变时循环的运行参数，这里采用主压缩机与涡轮流量匹配的方法进行求解。图 6.7 给出了循环变工况参数求解流程，该求解流程与小节 3.2 中给出的再压缩超临界二氧化碳循环设计工况参数求解流程相似，主要区别在于循环工质流量的计算方法。在设计工况中，循环工质流量不会对循环参数以及性能产生影响，而在变工况模型中循环工质流量则需要根据主压缩机和涡轮的变工况模型进行迭代求解，该流量与设计点流量的偏差大小会影响循环性能以及各个状态点的参数。

　　首先需要给出设计点参数作为变工况求解的初始参数，然后假设循环中循环工质流量

m_c，根据分流比计算通过主压缩机的循环工质流量 m_{mc}，给出主压缩机转速 N_{mc}、工质入口温度 T_1 与压力 p_1，便可求出其循环工质出口温度 T_2 与压力 p_2。当知道涡轮入口压力 p_2 后，结合工质入口温度 T_3 可以得到涡轮出口温度 T_4 以及此时流经涡轮的工质流量 m_{tc}。比较该流量与假设的总流量是否相同，如果流量不相等则改变总流量继续重复上面的步骤进行计算，直到满足要求。在得到循环工质流量后，便可以求出循环各个状态点的参数。具体求解流程与第 3 章相同，这里不再赘述。值得注意的是，此时循环中再压缩过程需要用再压缩机变工况模型进行求解。

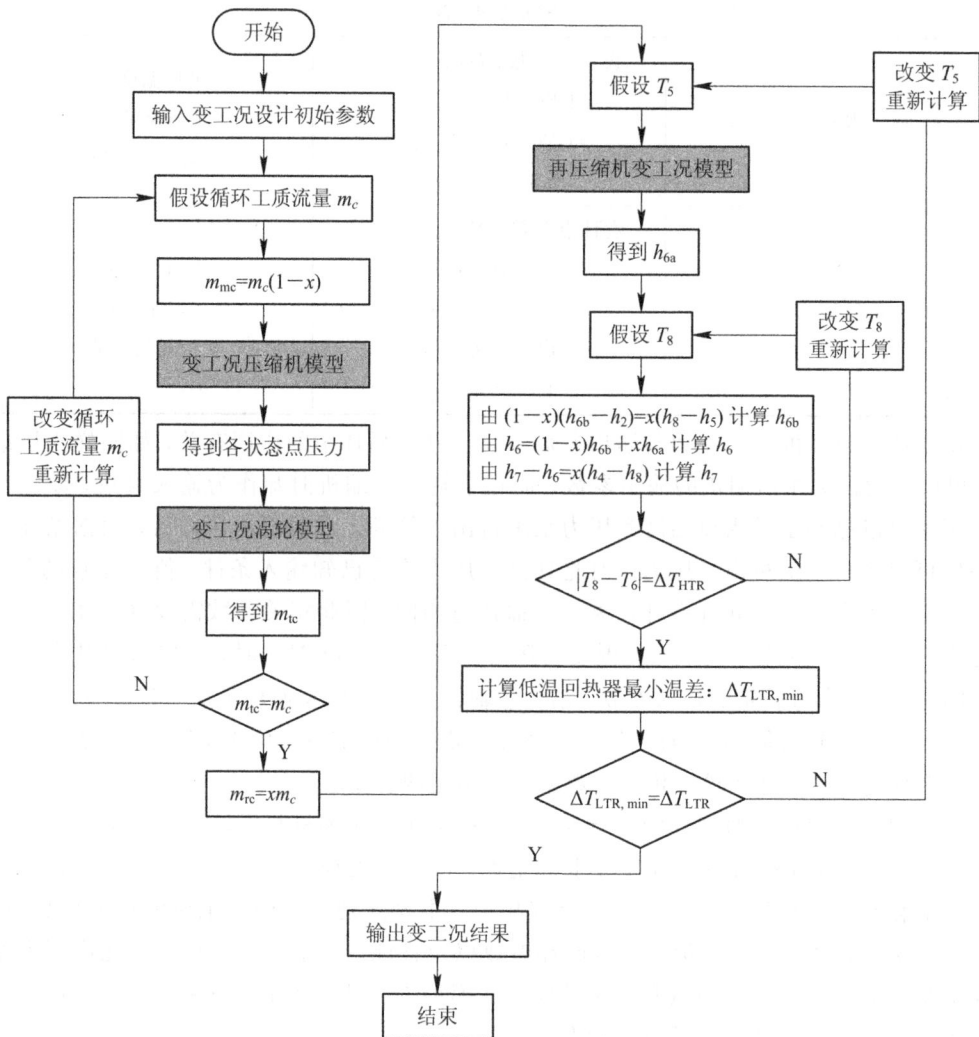

图 6.7 循环变工况参数求解流程图

为了验证模型与程序准确性，选取文献[142]中相关初始条件，给出主要参数计算结果并与文献进行对比，如表 6.2 所示，其中再压缩机采用两级压缩。由表可知，仿真结果与文献吻合较好，各个部件的主要参数误差都小于 2%，在允许误差范围以内。造成该误差的主要原因在于计算时没有考虑循环中的压力损失，所以计算得出的热效率值比文献的高约1.4%。总的来说，本节建立的循环变工况模型较为准确，能够用来进一步求解热防护与发电一体化系统的变工况特性。

表 6.2　循环变工况模型验证结果

初始参数		值		
等熵效率	涡轮	0.93		
	压缩机	0.89		
主压缩机入口温度/K		313		
主压缩机入口压力/MPa		9		
涡轮入口温度/K		823		
分流比		0.3266		
结果		文献	仿真计算	误差/%
η_{th}/%		45	46.4	3.1
压缩机转子直径/m		0.148	0.146	−1.3
再压缩机一级转子直径/m		0.162	0.160	−1.2
再压缩机二级转子直径/m		0.141	0.140	−0.7
涡轮转子直径/m		0.241	0.244	1.2
涡轮喷嘴有效面积/m²		1450	1423	−1.8
主轴转速/(r/min)		31410	31746	1.1
再压缩机主轴转速/(r/min)		32570	33211	1.9

2. 热防护与发电一体化系统变工况求解方法

在得到循环变工况模型后，需要与第 2 章建立的超燃冲压发动机热环境模型联立起来求解，进而得到不同发动机工况下热防护与发电一体化系统的性能变化特性。这里以燃料当量比变化为例，计算不同当量比下壁面最高温度为 1200 K 时的系统性能与参数，具体求解过程如图 6.8 所示。

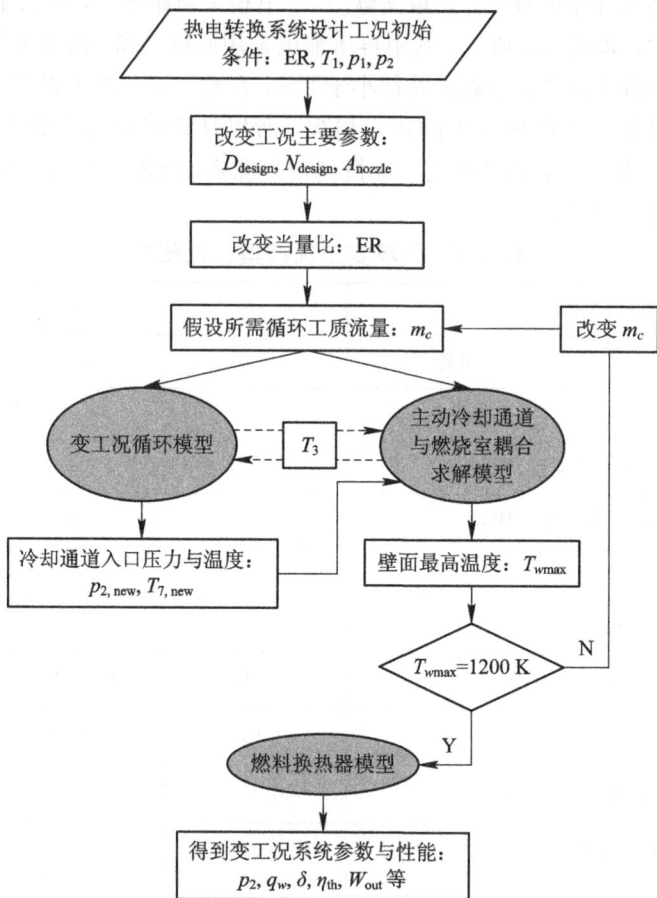

图 6.8 热防护与发电一体化系统变工况性能求解流程图

当发动机当量比改变时，其热环境也会发生变化，要维持壁面最高温度不变，需要重新计算此时所需的冷却通道内二氧化碳的流量。首先给出设计当量比下热防护与发电一体化系统初始条件，以求解涡轮与压缩机等部件的主要设计参数。假设新当量比下所需循环工质流量为 m_c，将设计点参数代入图 6.8 所示变工况循环模型来求解新的冷却通道入口温度与压力。然后联立主动冷却通道和燃烧室耦合求解模型得到新的壁面温度与热流分布。如果此时壁面最高温度大于 1200 K，则表示假设的循环工质流量过低，需要增大循环工质流量继续重复上面的计算过程，反之则需要减小循环工质流量。当壁面最高温度达到 1200 K时，表示该流量满足新的当量比需求，此时将相关参数代入燃料换热器模型继续求解，便可以得到当量比改变时热防护与发电一体化系统的变工况参数与性能。

6.3　热防护与发电一体化系统变工况特性分析

在对热防护与发电一体化系统变工况特性进行分析前需要首先确定哪些参数会引起系统的运行工况改变。对于常规热力循环的变工况研究一般多集中于循环参数变化时对循环性能的影响，如压缩机入口压力与温度、涡轮入口温度等。而对于基于超临界二氧化碳循环的超燃冲压发动机热防护与发电一体化系统来说，飞行工况的改变会引起超燃冲压发动机热环境的变化，进而导致系统运行工况也需要作出相应的调整以满足壁面冷却要求。另外，当飞行工况不变时，若飞行器机载设备用电需求发生改变，那么就需要对循环中二氧化碳的流量进行调整，以改变系统的输出功率，而且循环工质流量的改变也会引起系统运行工况的改变。因此，本章主要介绍冷却通道内二氧化碳流量以及飞行工况改变时热防护与发电一体化系统的变工况特性。

6.3.1　二氧化碳流量对系统变工况特性的影响

由变工况求解模型可知，在对热防护与发电一体化系统变工况特性分析前需要先对设计点进行选取，确定设计点相关参数。因此本小节先分析设计点二氧化碳流量对系统性能的影响，然后选择合适的流量作为设计点，计算相关部件参数，最后分析不同流量下系统的变工况性能。

1. 设计点二氧化碳流量影响分析

当超燃冲压发动机工况不变，即当量比固定时，冷却通道内二氧化碳流量会影响壁面温度和壁面总热量。二氧化碳流量过小会导致壁面温度过高，增大流量可以降低壁面温度，增加壁面总热量，提高输出功率，但同时也会增加所需冷却燃料流量，给热防护带来压力，因此作为冷却工质的二氧化碳的流量选取极为关键。下面主要研究二氧化碳流量对热防护与发电一体化系统性能的影响，为设计点二氧化碳流量选择提供参考依据。

图 6.9 和图 6.10 分别给出了二氧化碳流量对壁面温度分布与壁面热流分布的影响，其中燃料当量比取 0.5。由图可见，随着二氧化碳流量的减小，壁面温度升高。当流量为 1.5 kg/s 时壁面最高温度已经超过材料极限温度 1200 K。同时由于壁面温度升高，壁面热流密度明显降低，这也是主动冷却发动机热环境的重要特征之一。

热防护与发电一体化系统热效率和输出功随二氧化碳流量变化曲线分别如图 6.11 和图 6.12 所示。由图可知，随着二氧化碳流量的增加，冷却通道出口处循环工质温度降低，即循环的最高温度降低，系统的热效率也随之降低。但是由于流量增加引起壁面温度降低，热流密度增大,壁面总热量增加,因此系统输出功增大,并没有随着热效率的降低而减小。如当二氧化碳流量从 1.4 kg/s 增加到 2.8 kg/s,热效率从 28.8% 降到了 26%,降低了 2.8%,输出功从 15.3 kW 增加到了 17.99 kW,增加 17.6%。

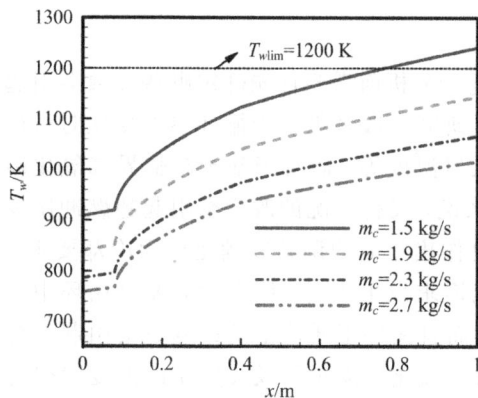

图 6.9　二氧化碳流量对壁面温度分布的影响

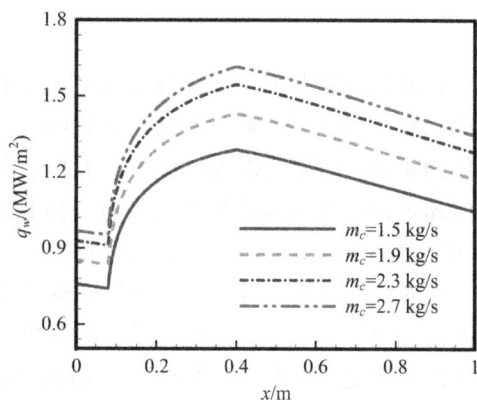

图 6.10　二氧化碳流量对壁面热流分布的影响

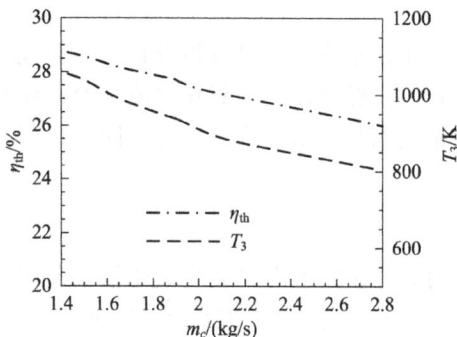

图 6.11　热效率随二氧化碳流量变化曲线

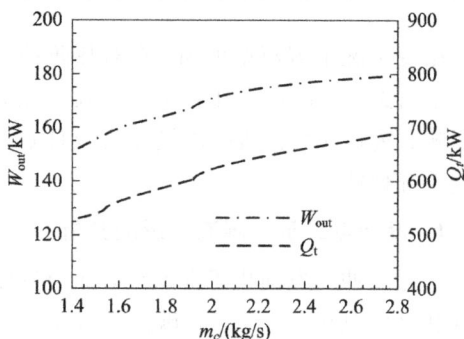

图 6.12　输出功随二氧化碳流量变化曲线

当二氧化碳流量变化时,循环最高温度即涡轮入口温度也会变化,进而引起进入燃料换热器的二氧化碳的温度发生改变,影响二氧化碳与燃料的换热。图 6.13 给出了冷却燃料减少率随二氧化碳流量变化规律。从图中可以看出燃料减少率曲线分为两段:第一段与系统热效率重合且随着二氧化碳流量的增大缓慢下降;第二段与热效率曲线分离并迅速下降,当二氧化碳流量从 2.38 kg/s 增加到 2.8 kg/s 时,冷却燃料减少率由 26.4% 下降到 16.3%,即冷却所需燃料增加了 10.1%。

图 6.14 进一步给出了燃料出口温度随二氧化碳流量变化曲线。由图可知,当二氧化碳流量较小时,燃料换热器中热流体即二氧化碳一侧入口温度较高,因此冷却燃料经过吸热

后出口温度可以达到最大值（$T_{fc}=650$ K），根据前面的结论可知，此时燃料减少率与循环热效率相同。随着二氧化碳流量继续增大，二氧化碳入口温度持续减小，当温度减小到不足以使燃料出口温度达到最高时，所需冷却燃料流量由于最终出口温度降低而迅速增加，冷却燃料减少率也迅速减小。

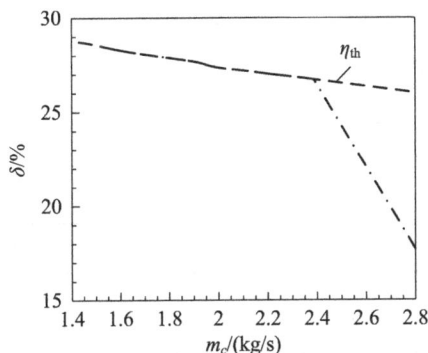

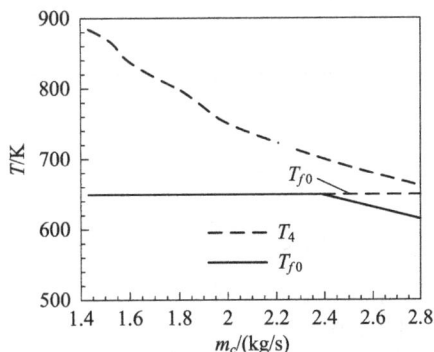

图 6.13　冷却燃料减少率随二氧化碳流量变化规律　　图 6.14　燃料出口温度随二氧化碳流量变化曲线

从以上分析结果可以看出，冷却通道内二氧化碳流量存在一个最佳区间，其最小值受到壁面最高温度制约，最大值由燃料出口温度决定。当流量小于最小值时，壁面最高温度会超过材料允许的极限温度；当流量大于最大值时，燃料出口温度过低会导致所需冷却燃料快速增加，冷却燃料减少率迅速下降。

在该区间内，随着二氧化碳流量的增加，系统热效率和冷却燃料减少率会缓慢下降，但是由于壁面温度降低，热流密度增加，系统的输出功会增大。综合考虑系统的冷却性能和发电性能，二氧化碳流量应当取区间最大值。以本节计算结果为例，最佳二氧化碳流量区间为 $1.63\sim2.35$ kg/s，当取最小流量 1.63 kg/s 时系统冷却性能最优，燃料减少率为 28.7%，取最大流量 2.35 kg/s 时为 26.7%，冷却燃料减少率下降了约 2%，但输出功从 152.6 kW 增加到了 176.6 kW，增加了 15.7%，即牺牲 2% 的燃料减少率换取 15.7% 的输出功提升。

2. 不同二氧化碳流量下系统变工况性能分析

前面分析了在设计工况下二氧化碳流量对系统性能的影响，根据结论，这里选取三种不同二氧化碳流量作为设计工况进行变工况分析，以比较二氧化碳流量变化时的系统参数和性能变化。相应的三种设计工况分别为：最大二氧化碳流量，即燃料出口温度为 650 K 时所需二氧化碳流量；最小二氧化碳流量，即壁面最高温度为极限温度 1200 K 时的二氧化碳流量；平均二氧化碳流量，即取最大二氧化碳流量和最小二氧化碳流量的平均值。首先给出三种设计工况下相关部件参数计算结果，如表 6.3 所示。由于主压缩机入口温度相对较高，因此这里采用与再压缩机相同的两级设计[142]。

表 6.3　三种设计工况下相关部件参数计算结果 ER＝0.5

参　数	最小二氧化碳流量 设计工况 ($m_{c,\,design}＝m_{c,\,min}$)	平均二氧化碳流量 设计工况 $m_{c,\,design}＝(m_{c,\,max}＋m_{c,\,min})/2$	最大二氧化碳流量 设计工况 ($m_{c,\,design}＝m_{c,\,max}$)
T_1/K	319		
p_1/MPa	7.6		
p_2/MPa	25		
$(\eta_{mc}/\eta_{rc})/\%$	89		
$\eta_t/\%$	93		
$m_{c,\,design}/(kg/s)$	1.64	1.99	2.35
主压缩机 一级转子直径/mm	20.2	23.1	25.0
主压缩机 二级转子直径/mm	17.1	19.6	21.3
再压缩机 一级转子直径/mm	30.1	31.8	34.5
再压缩机 二级转子直径/mm	25.0	26.5	28.8
涡轮转子直径/mm	37.7	40.9	43.0
涡轮喷嘴有效面积/m²	20.1	23.3	26.7
主轴转速/(kr/min)	245	214	197
再压缩机转速/(kr/min)	235	215	198
T_3/K	993	903	850
T_{fc}/K	650	650	650
$T_{w,\,max}/K$	1200	1113	1059
$T_{w,\,min}/K$	874	812	781
$\eta_{th}/\%$	28.2	27.2	26.4
Q_t/kW	569.6	625.1	658.5
W_{out}/kW	160.0	169.4	173.8
$\delta/\%$	28.1	27.2	26.4

从表中可以看出三个设计点燃料出口温度都达到了最大温度 650 K，因此燃料减少率等于循环热效率。随着二氧化碳流量的增大，循环最高温度降低，热效率降低，与前面结论一致。对于压缩机和涡轮，其转子直径随着二氧化碳流量的增加而增加，也就是说相应的涡轮机械尺寸也会增大，同时也会降低设计点涡轮机械的主轴转速。

在得到设计点参数后，将其代入 6.2 节中的变工况计算模型，便可以求出二氧化碳流量改变时系统的变工况特性。图 6.15 给出了三种设计工况下冷却燃料减少率随二氧化碳流量变化曲线，此时系统循环热效率与燃料减少率相等。与设计工况不同，变工况下系统的循环热效率不是随着二氧化碳流量的增加而单调减小。由图可知，当系统工作在设计点时性能最好，冷却燃料减少率最高。当系统工况改变时，越偏离设计点，性能越差，冷却燃料减少率越低。

进一步给出三种设计工况下系统最高压力随二氧化碳流量变化曲线，如图 6.16 所示。对于最小流量设计，当系统二氧化碳流量增加时，由于涡轮出口压力不变，根据公式(6.9)可知需要增加涡轮入口压力来匹配二氧化碳流量变化，即提高循环最高压力。当二氧化碳流量偏离设计点较小时，由于循环最高压力增加会导致循环热效率增加，抵消了偏离设计点工况涡轮机械效率的下降的影响，因此系统的性能没有显著降低，即冷却燃料减少率缓慢降低。当二氧化碳流量偏离设计点较大时，此时循环最高压力的增加对循环热效率的提升不足以弥补涡轮机械效率下降带来的系统性能下降，同时由于二氧化碳流量的增加引起系统的最高温度下降，在两者综合作用下冷却燃料减少率下降较快。

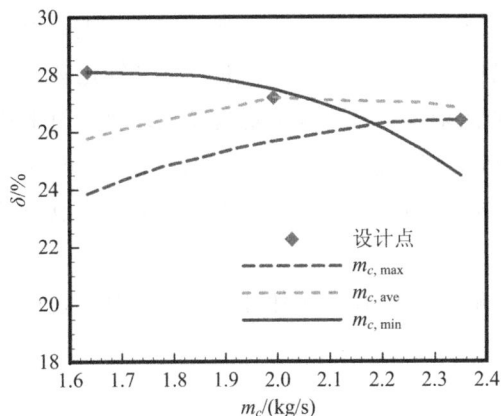

图 6.15　三种设计工况下冷却燃料减少随
　　　　二氧化碳流量变化曲线

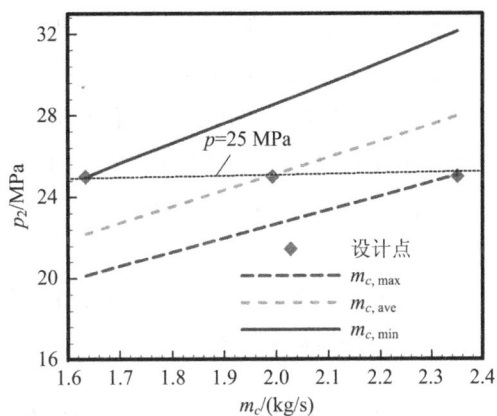

图 6.16　三种设计工况下系统最高压力随
　　　　二氧化碳流量变化曲线

对于最大二氧化碳流量设计，当二氧化碳流量减小时需要降低涡轮入口压力来匹配流量的改变，系统最高压力下降，同时由于涡轮机械偏离设计点效率降低，因此系统的性能下降较快。同理,当设计点二氧化碳流量取平均流量时,由于流量变化离设计点较近,因此其性能下降不明显。

图 6.17 给出了三种设计工况下输出功随二氧化碳流量变化曲线。前面指出在设计工况下系统总热量和输出功会随着二氧化碳流量的增加而增加,而对于变工况来说,输出功变化规律与设计点选取有关。

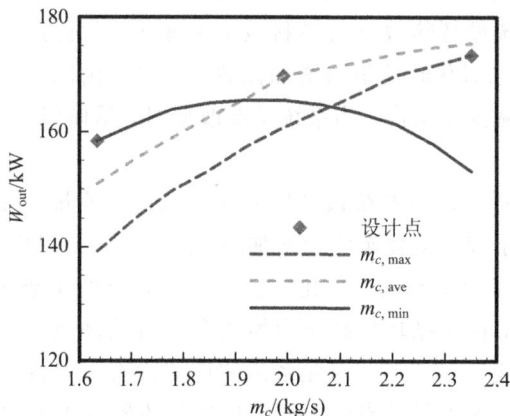

图 6.17　三种设计工况下输出功随二氧化碳流量变化曲线

对于最小二氧化碳流量设计,由于冷却通道前半段二氧化碳流量增加而循环热效率下降缓慢,因此输出功随着总热量的增加而增加,当二氧化碳流量增大到一定程度时,由于循环热效率下降较快,虽然总热量持续增加,但输出功开始下降。对于最大二氧化碳流量设计,由于循环热效率随着二氧化碳流量的增加而增加,因此输出功也随之增加。而平均二氧化碳流量设计由于循环热效率变化幅度较小,因此输出功主要受到总热量影响而增加,并且平均二氧化碳流量设计在流量较大时能够取得较高的输出功率,高于其他两种设计。

综上所述,为了使系统在工况变化时依然能够获得较好的冷却性能与输出功,设计点二氧化碳流量应取平均值。

6.3.2　当量比对系统变工况特性的影响

1. 设计点当量比影响分析

当超燃冲压发动机当量比改变时,燃烧室内主流参数也会改变,引起燃烧室热环境改变,二氧化碳流量的最佳区间也会改变。通过改变当量比,分别计算在该当量比下壁面最高温度等于材料极限温度 1200 K 以及燃料出口温度为 650 K 时二氧化碳的流量,便可得到不同当量比下二氧化碳流量的最小值与最大值。图 6.18 和图 6.19 分别给出两种流量条件下当量比变化时壁面温度和壁面热流密度分布规律。

由图 6.18 可知,在最小二氧化碳流量条件下,壁面最高温度维持在 1200 K,因此不同当量比下壁面温度分布基本一致。而在最大二氧化碳流量条件下,壁面温度随着当量比的增加而升高。主要原因在于当量比增加会引起燃烧室内燃料释热更加剧烈,壁面热流密度也会增加,导致壁面与冷却工质温差增大,在冷却通道出口处二氧化碳温度不变的情况下,最终引起壁面最高温度增加。同时从热流密度分布情况可以看出,当量比对热流密度的影响程度要大于对壁面温度的影响程度。如在图 6.18 中,当量比为 0.8 时壁面温度最高,但从图 6.19 可以看出其热流密度却远大于其他当量比时的热流密度。

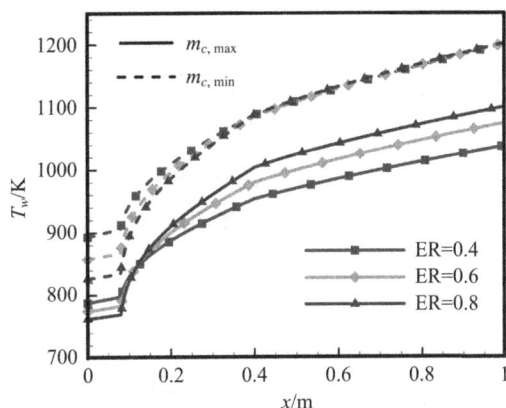

图 6.18 两种流量条件下当量比变化时
壁面温度分布规律

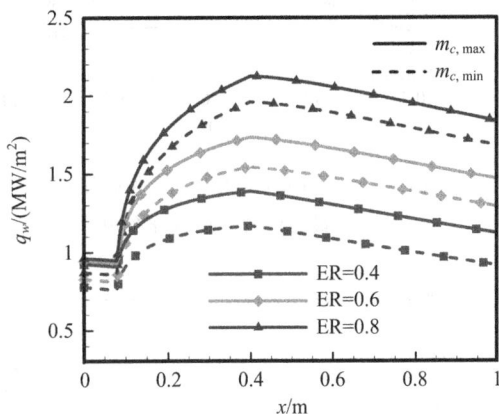

图 6.19 两种流量条件下当量比变化时
下壁面热流密度分布规律

进一步给出不同当量比下二氧化碳流量最小值与最大值分布规律,如图 6.20 所示。由图可知,由于当量比增加,壁面热流密度增大,所需二氧化碳流量增加,同时二氧化碳流量最大值与最小值之间的差距随着当量比的增大而减小,即流量区间减小。图 6.21 给出了两种二氧化碳流量条件下冷却燃料减少率随当量比变化曲线,在最大二氧化碳流量条件下,燃料减少率保持不变,这是由于燃料出口温度不变,循环最高温度保持不变,在循环压比不变的条件下,循环热效率保持不变。在最小二氧化碳流量下,壁面热流密度增加,作为冷却剂的二氧化碳与壁面之间的温差增大,当壁面最高温度保持 1200 K 不变时,循环最高温度降低,循环热效率下降,因此冷却燃料减少率也缓慢下降。

壁面总热量和系统输出功随当量比变化曲线分别如图 6.22 和图 6.23 所示。由图可以看出，随着当量比的增加，总热量和输出功增大。两种二氧化碳流量条件下总热量的差值逐渐减小，且由于最小二氧化碳流量条件下循环热效率降低，而最大二氧化碳流量时循环热效率保持不变，因此输出功差值也显著减小。在当量比为 0.4 时输出功相差 13.1%，在当量比为 0.8 时输出功相差 3.8%。

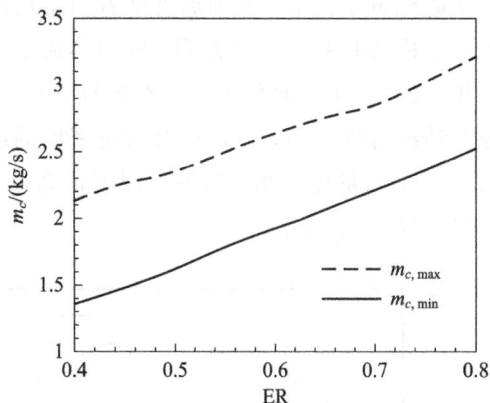

图 6.20 不同当量比下二氧化碳流量
最大值与最小值分布规律

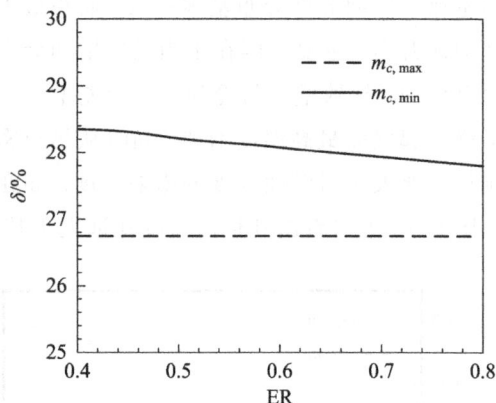

图 6.21 两种流量条件下冷却燃料
减少率随当量比变化曲线

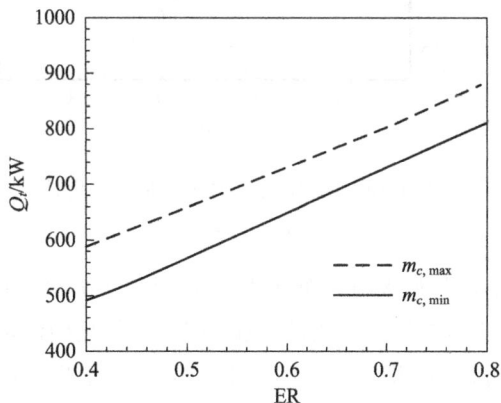

图 6.22 壁面总热量随当量比变化曲线

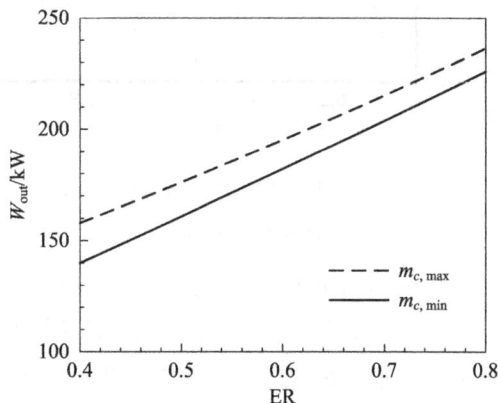

图 6.23 系统输出功随当量比变化曲线

由上述分析可知，不同当量比下二氧化碳流量区间不同，在当量比较小时最大二氧化碳流量与最小二氧化碳流量相差较大，燃料减少率和系统输出功也相差较大，随着当量比的增加，它们之间的差距减小。当量比为 0.4 时，最大二氧化碳流量下冷却燃料减少率与最小二氧化碳流量下的相比降低了 1.7%，输出功增加了 13.7%；当量比为 0.8 时，燃料减少率下降了 1%，输出功只增加了 3.8%。

2. 不同当量比下系统变工况性能分析

这里选取 ER=0.4、ER=0.6 以及 ER=0.8 三个当量比作为设计工况，计算当量比变化时热防护与发电一体化系统的变工况特性。为了获得较好的冷却性能和输出功，取燃料出口温度为 650 K 时的循环参数求解相关部件的设计参数，如表 6.4 所示。从表中可以看出，设计点当量比越大，所需二氧化碳流量也越大；同理，相应的部件尺寸也需增加，主轴转速需下降。

表 6.4　不同当量比下设计点参数

参　数	ER=0.4	ER=0.6	ER=0.8
T_1/K		319	
$(p_1/p_2)/Mpa$		7.6/25	
$(\eta_{mc}/\eta_{rc})/\%$		89	
$\eta_t/\%$		93	
T_{fc}/K		650	
$\delta/\%$		26.7	
$m_{c, design}/(kg/s)$	2.14	2.62	3.21
主压缩机一级转子直径/mm	23.9	26.4	29.3
主压缩机二级转子直径/mm	20.3	22.5	24.9
再压缩机一级转子直径/mm	32.9	36.4	40.45
再压缩机二级转子直径/mm	27.4	30.4	33.7
涡轮转子直径/mm	40.9	45.3	50.2
涡轮喷嘴有效面积/m²	24.3	29.7	36.5
主轴转速(kr/min)	206	186	168.5
再压缩机转速(kr/min)	208	188	169.8
T_3/K	850	850	850
T_{wmax}/K	1037	1074	1100
Q_t/kW	590.1	731.5	884.9
W_{out}/kW	157.5	195.3	236.3

图 6.24 给出了三种设计工况下冷却燃料减少率随当量比变化曲线，即当燃料出口温度达到最大值时，循环热效率与冷却燃料减少率相同。图 6.24 与图 6.21 不同，当考虑部件的变工况性能时，冷却燃料减少率会随着当量比发生改变。当设计点当量比为 0.4 时，冷却燃料减少率会随着当量比的增加先增大后减小；当设计点当量比为 0.6 与 0.8 时，冷却燃料减少率随着当量比的增加单调上升。值得注意的是，系统最大冷却燃料减少率并没有出现在设计点当量比处。此外从图 6.24 中还知，当设计点当量比为 0.4 时系统的冷却燃料减少率大于其他两个当量比，即在工况变化时能够保持较高的冷却性能。

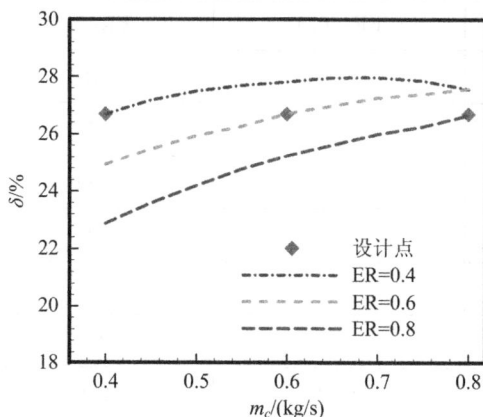

图 6.24　变工况下冷却燃料减少率随当量比变化曲线

图 6.25 和图 6.26 分别给出了三种设计工况下循环最高压力以及循环最高温度随当量比变化曲线。由图可知，当设计点当量比为 0.4 时，循环最高压力和最高温度随着当量比的增加而增加。由于设计点二氧化碳流量较小，当量比增加，则壁面总热量增加，要使燃料出口温度达到最大值，相应的二氧化碳流量也要增加，因此需要增加涡轮入口压力来匹配二氧化碳流量变化，即增加循环最大压力。在涡轮出口温度和压力不变的情况下，涡轮入口压力增加的同时其入口温度也会增加。由于循环最高温度和最高压力增大时会引起循环热效率增加，因此冷却燃料减少率先随着当量比的增加而增加。当二氧化碳流量偏离设计点较大时，涡轮机械效率的迅速下降又会引起循环热效率的降低，此时冷却燃料减少率开始下降，但总体来说循环热效率和冷却燃料减少率略高于其他两个设计工况。

而当设计当量比为 0.8 时，由于设计点二氧化碳流量较大，因此在当量比减小时相应的二氧化碳流量也随之减小，循环最高压力和温度降低，同时涡轮机械效率也因偏离设计点而下降，导致循环热效率下降较快。

变工况下系统输出功随当量比变化曲线如图 6.27 所示。由图可知，在当量比较小时不同设计工况下输出功相差较大，在当量比较大时输出功相差不大，整体看来设计点当量比为 0.4 时输出功略大于其他两个设计工况。

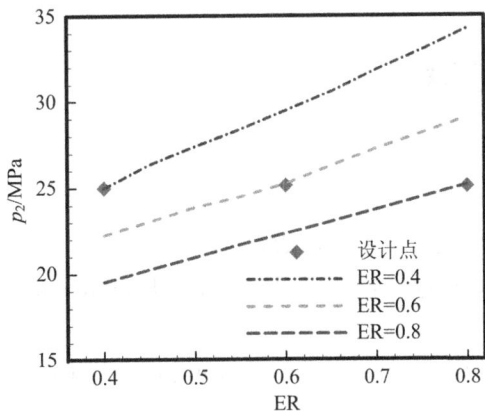

图 6.25　三种设计工况下循环最高压力
随当量比变化曲线

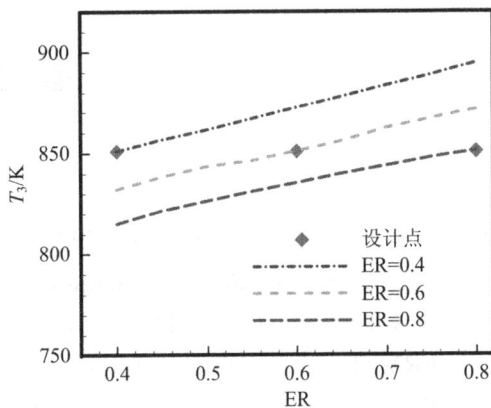

图 6.26　三种设计工况下循环最高温度
随当量比变化曲线

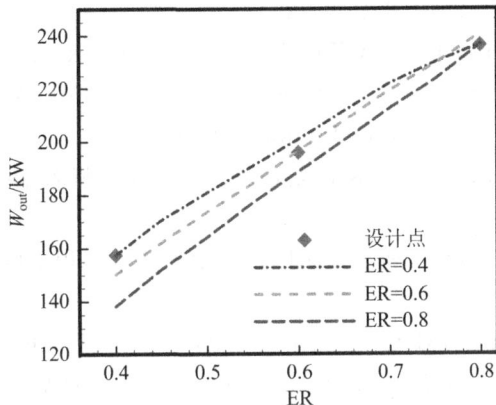

图 6.27　变工况下系统输出功随当量比变化曲线

综上所述，设计点当量比较小时系统冷却性能和输出功较优，但是同时循环最高压力会随着当量比的增加而增加。如取当量比 0.4 为设计工况，当当量比增加到 0.8 时循环最高压力可达 34 MPa 左右，而过高的压力会给系统部件设计与制造带来新的挑战。因此，对设计点当量比选取时还应考虑循环最高压力变化，在允许的压力范围内尽量选择较小的当量比。

参 考 文 献

[1] 蔡国飙，徐大军. 高超声速飞行器技术[M]. 北京：科学出版社，2012.

[2] CURRAN T E. Scramjet engines：the first forty years[J]. Journal of Propulsion and Power，2001，17(6)：1138-1148.

[3] FRY R S. A century of ramjet propulsion technology evolution[J]. Journal of Propulsion and Power，2004，20(1)：27-58.

[4] 刘世俭，刘兴洲. 超燃冲压发动机可贮存碳氢燃料再生主动冷却换热过程分析[J]. 飞航导弹，2009(3)：48-52.

[5] 马青松，刘海韬，潘余，等. C/SIC 复合材料在超燃冲压发动机中的应用研究进展[J]. 无机材料学报，2013(3)：247-255.

[6] WILLARD C，GIEL D，RAFFOUL C. Scramjet/Ramjet design and integration trade studies using Sr heat[C]. Proceedings of the 45th AIAA/ASME/SAE/ASEE Joint Propulsion Conference & Exhibit，2009.

[7] 廖孟豪. 美国空军 SBIR/STTR 计划透露高超声速飞机若干指标构想[J]. 飞航导弹，2015(08)：3-6.

[8] 李益文，张百灵，李应红，等. 磁流体动力学在航空工程中的应用与展望[J]. 力学进展，2017，47(00)：452-502.

[9] MARSHALL L，BAHM C，CORPENING G，et al. Overview With Results and Lessons Learned of the X-43A Mach 10 Flight[C]. AIAA/CIRA 13th International Space Planes and Hypersonics Systems and Technologies Conference，2005.

[10] PEEBLES C. Road to Mach 10：Lessons Learned from the X-43A Flight Research Program[J]. Air & space power journal，2011，25(3)：121-122.

[11] HANK J M，MURPHY J S，MUTZMAN R C. The X-51A Scramjet Engine Flight Demonstration Program[C]. AIAA International Space Planes and Hypersonic Systems and Technologies Conference，2008.

[12] 曾慧，白菡尘，朱涛. X-51A 超燃冲压发动机及飞行验证计划[J]. 导弹与航天运载技术，2010(01)：57-61.

[13] KOSAKA K, KUWAHARA T, OKAMOTO H. Application of carbon-carbon composite to scramjet engines[C]. Proceedings of the 9th International Symposium on Air Breathing Engines, 1989.

[14] SONG K D, CHOI S H, SCOTTI S J. Transpiration cooling experiment for scramjet engine combustion chamber by high heat fluxes [J]. Journal of Propulsion and Power, 2006, 22(1): 96-102.

[15] WANG X, ZHONG F, GU H. Numerical study of combustion and convective heat transfer of a Mach 2.5 supersonic combustor[J]. Applied Thermal Engineering, 2015, 89: 883-896.

[16] CHENG L, ZHONG F, GU H, et al. Application of conjugate gradient method for estimation of the wall heat flux of a supersonic combustor[J]. International Journal of Heat and Mass Transfer, 2016, 96: 249-255.

[17] 马西芳. 超燃冲压发动机燃烧室及其冷却结构的耦合传热研究[D]. 哈尔滨: 哈尔滨工业大学, 2007.

[18] HEISER W H. Hypersonic airbreathing propulsion [M]. Washington D C: American Institute of Aeronautics and Astronautics, 1994.

[19] BUSSING T, MURMAN E. A one-dimensional unsteady model of dual mode scramjet operation[J]. AIAA, 1983.

[20] O'BRIEN T, LEWIS M. RBCC engine-airframe integration on an osculating cone waverider vehicle[J]. AIAA, 2000: 3823.

[21] BIRZER C A B, DOOLAN C J A B. Quasi-one-dimensional model of hydrogen-fueled scramjet combustors[J]. Journal of Propulsion and Power, 2009, 25(6): 1220-1225.

[22] STARKEY R P, LEWIS M J. Sensitivity of hydrocarbon combustion modeling for hypersonic missile design[J]. Journal of Propulsion and Power, 2003, 19(1): 89-97.

[23] ZHANG D, YU F, ZHANG S, et al. Quasi-one-dimensional model of scramjet combustor coupled with regenerative cooling[J]. Journal of Propulsion and Power, 2016, 32(3): 687-697.

[24] 王厚庆, 何国强, 刘佩进, 等. 主动冷却超燃冲压发动机最大工作马赫数评估[J]. 固体火箭技术, 2010, 33(4): 377-381.

[25] 张栋, 唐硕. 超燃冲压发动机燃烧室准一维建模与分析[J]. 弹道学报, 2015, 27(1): 85-91.

[26] 张栋, 唐硕, 祝强军. 超燃冲压发动机准一维建模研究[J]. 固体火箭技术, 2015, 38

（2）：192-197.

[27]　牛东圣，侯凌云，潘鹏飞. 不同燃料超声速燃烧室准一维计算模型[J]. 清华大学学报（自然科学版），2013，53（4）：567-572.

[28]　尤厚丰，张兵，李德宝. 超燃冲压发动机燃烧室的准一维计算与分析[J]. 推进技术，2020，41（3）：623-631.

[29]　LI L，WANG J，FAN X. Development of integrated high temperature sensor for simultaneous measurement of wall heat flux and temperature[J]. The Review of scientific instruments，2012，83（7）：074901.

[30]　CHENG D，WANG J，GONG J，et al. Measurement of heat flux distribution of supercritical kerosene fueled supersonic combustor[C]. 32nd AIAA Aerodynamic Measurement Technology and Ground Testing Conference，2016.

[31]　ZHANG C，QIN, J. YANG Q，et al. Indirect measurement method of inner wall temperature of scramjet with a state observer [J]. Acta Astronautica，2015，115：330-337.

[32]　张雁翔，王振国，孙明波，等. 超燃燃烧室一维释热分布模型研究[J]. 推进技术，2015，36（12）：1852-1858.

[33]　LI F，ZHAO Y，CHEN L，et al. Simultaneous measurements of multiple flow parameters for scramjet characterization using tunable diode-laser sensors [J]. Applied Optics，2011，50（36）：6697-6707.

[34]　陈德江，王国林，曲杨，等. 气动热试验中稳态热流测量技术研究[J]. 流体力学实验与测量，2005，19（1）：75-78.

[35]　徐多，谷笳华，吴松. 柔性基底瞬态热流率测量传感器的研制及其应用[J]. 科学通报，2009，54（4）：414-419.

[36]　刘志泉，马武军. C/SiC复合材料推力室应用研究[J]. 火箭推进，2011，37（2）：19-24.

[37]　BOUQUET C，LACOMBE A，HAUBER B，et al. Ceramic matrix composites cooled panel development for advanced propulsion systems [C]. 45th AIAA/ASME/ASCE/AHS/ASC Structures，Structural Dynamics and Materials Conference，California，2004.

[38]　GLASS D. Ceramic Matrix Composite （CMC） thermal protection systems （TPS） and hot structures for hypersonic vehicles[C]. 15th AIAA International Space Planes and Hypersonic Systems and Technologies Conference，2008.

[39]　BOUQUET C，FISCHER R，THEBAULT J，et al. Composite technologies development status for scramjet[C]. AIAA/CIRA 13th International Space Planes

and Hypersonics Systems and Technologies，2005：3431.

[40] UHRIG G，LARRIEU J M. Towards an all-composite scramjet combustor[C]. 38th AIAA/ASME/SAE/ASEE Joint Propulsion Conference and Exhibit，AIAA，2002：3883.

[41] DIRLING J R. Progress in materials and structures evaluation for the HyTech Program[J]. AIAA，1998：1591.

[42] HAUG T，EHRMANN U，KNABE H. Air intake ramp made from C/SiC via the polymer route for hypersonic propulsion systems[C]. 5th International Aerospace Planes and Hypersonics Technologies Conference，1993.

[43] LUIKOV A V. Heat and mass transfer with transpiration cooling[J]. International Journal of Heat and Mass Transfer，1963，6(7)：559-570.

[44] WOLFERSDORF J V. Effect of coolant side heat transfer on transpiration cooling [J]. Heat and Mass Transfer，2005，41(4)：327-337.

[45] GOLDSTEIN R J，ECKERT E R G，TSOU F K，et al. Film cooling with air and helium injection through a rearward-facingslot into a supersonic air flow[J]. AIAA，1966，4(6)：981-985.

[46] HEUFER K A，OLIVIER H. Film cooling of an inclined flat plane in hypersonic flow [C]. Aiaa/ahi Space Planes & Hypersonic Systems and Technologies Conference，2006.

[47] KANDA T，MASUYA G，WAKAMATSU Y. Propellant feed system of a regeneratively cooled scramjet[J]. Journal of Propulsion and Power，1991，7(2)：299-301.

[48] 牛禄. 液体火箭发动机层板再生冷却技术研究[D]. 上海：上海交通大学，2002.

[49] BOUDREAU A. Status of the air force hyTech program[C]. AIAA International Space Planes and Hypersonic Systems and Technologies，2003：6947.

[50] FAULKNER R，WEBER J. Hydrocarbon scramjet propulsion system development，demonstration and application[C]. AIAA，1999：4922.

[51] WISHART D，FORTIN T，GUINAN D，et al. Design，fabrication and testing of an actively cooled scramjet propulsion system[C]. AIAA，2003：0015.

[52] 牛文，李文杰. 美国空军圆满完成 X-51A 第四次试飞[J]. 飞航导弹，2013(5)：3-4.

[53] 章思龙. 碳氢燃料超燃冲压发动机再生/膜复合冷却特性研究[D]. 哈尔滨：哈尔滨工业大学，2016.

[54] MAURICE L Q，LANDER H，EDWARDS T. Advanced aviation fuels：a look ahead via a historical perspective[J]. Fuel，2001，80(5)：747-756.

[55] FUKIBA K，TSUBOI N，MINATO R. Numerical study on the heat transfer of the flow with endothermic chemical reaction［C］. AIAA/ASME/SAE/ASEE Joint Propulsion Conference and Exhibit，2009.

[56] HOU L Y，DONG N，SUN D P. Heat transfer and thermal cracking behavior of hydrocarbon fuel［J］. Fuel，2013，103：1132-1137.

[57] GASCOIN N A C D，GILLARD P A C，DUFOUR E B E，et al. Validation of transient cooling modeling for hypersonic application［J］. Journal of Thermophysics and Heat Transfer，2007，21(1)：86-94.

[58] WENNERBERG J，JUNG H，SCHUFF R，et al. Study of simulated fuel flows in high aspect ratio cooling channels［C］. AIAA/ASME/SAE/ASEE Joint Propulsion Conference and Exhibit，2006.

[59] LANDER H. Endothermic fuels for hypersonic vehicles［J］. Journal of Aircraft，1971，8(4)：200-207.

[60] STIEGEMEIER B，MEYER M，TAGHAVI R. A thermal stability and heat transfer investigation of five hydrocarbon fuels：JP-7，JP-8，JP-8＋100，JP-10，and RP-1 ［C］. AIAA/ASME/SAE/ASEE Joint Propulsion Conference and Exhibit，2002：3873.

[61] DANIAU E，SICARD M. Experimental and numerical investigations of an endothermic fuelcooling capacity for scramj et application［R］. AIAA，2005：3404.

[62] 贺芳，米镇涛，孙海云. 提高烃类燃料热沉的研究进展［J］. 化学进展，2006，18(7)：1041-1048.

[63] 符全军，燕珂，杜宗罡，等. 吸热型碳氢燃料研究进展［J］. 火箭推进，2005，31(5)：32-36.

[64] 仲峰泉，范学军，王晶. 超临界压力下航空煤油热裂解特性研究［C］. 高超声速科技学术会议，2008.

[65] 王宁. 超燃冲压发动机再生冷却通道内煤油流动与传热特性研究［D］. 长沙：国防科学技术大学，2014.

[66] 张强强. 微细通道内碳氢燃料传热与裂解过程的实验研究与 CFD 模拟［D］. 天津：天津大学，2014.

[67] 黄世璋. 超临界压力碳氢燃料裂解传热及其动态响应特性数值模拟研究［D］. 大连：大连理工大学，2018.

[68] 赵国柱. 超燃冲压发动机碳氢燃料再生冷却流动传热研究与应用［D］. 西安：西北工业大学，2015.

[69] SCOTTI S J，MARTIN C J，LUCAS S H，et al. Active cooling design for scramjet

engines using optimization methods[J]. AIAA 1988：2265.

[70] YOUN B，MILLS A F. Cooling panel optimization for the active cooling system of a hypersonic aircraft[J]. Journal of Thermophysics and Heat Transfer，1995，9 (1)：136-143.

[71] 蒋劲. 超燃冲压发动机燃烧室再生冷却研究[D]. 西安：西北工业大学，2006.

[72] 孙弘原. 超燃冲压发动机燃烧室煤油再生冷却研究[D]. 长沙：国防科学技术大学，2009.

[73] 鲍文，周伟星，周有新，等. 超燃冲压发动机再生冷却结构的强化换热优化研究[J]. 宇航学报，2008，29(1)：246-252.

[74] 刘志琦. 超燃冲压发动机再生冷却技术研究[D]. 长沙：国防科学技术大学，2010.

[75] 王厚庆，何国强，刘佩进，等. 超燃冲压发动机燃烧室新型热结构的优化设计[J]. 推进技术，2009，30(3)：263-266.

[76] 鲍文，张聪，秦江，等. 超燃冲压发动机主被动复合热防护系统方案设计思考[J]. 推进技术，2013，(12)：1659-1663.

[77] ZHANG C，QIN J，YANG Q，et al. Design and heat transfer characteristics analysis of combined active and passive thermal protection system for hydrogen fueled scramjet[J]. International Journal of Hydrogen Energy，2015，40(1)：675-682.

[78] 李佳. 燃气轮机透平气膜冷却机理的实验与理论研究[D]. 北京：清华大学，2011.

[79] KANDA T，MASUYA G，ONO F，et al. Effect of film cooling/regenerative cooling on scramjet engine performances[J]. Journal of Propulsion and Power，1994，10(5)：618-624.

[80] ZUO J，ZHANG S，QIN J，et al. Performance evaluation of regenerative cooling/film cooling for hydrocarbon fueled scramjet engine[J]. Acta Astronautica，2018，148：57-68.

[81] SFORZA P. Electric Power Generation Onboard Hypersonic Aircraft[C]. AIAA 2009：5119.

[82] BAO W，QIN J，ZHOU W，et al. Performance limit analysis of Recooled Cycle for regenerative cooling systems[J]. Energy Conversion and Management，2009，50 (8)：1908-1914.

[83] BAO W，QIN J，ZHOU W，et al. Parametric performance analysis of multiple Re-Cooled Cycle for hydrogen fueled scramjet[J]. International Journal of Hydrogen Energy，2009，34(17)：7334-7341.

[84] QIN J，BAO W，ZHOU W，et al. Performance cycle analysis of an open cooling

cycle for a scramjet[J]. Proceedings of the Institution of Mechanical Engineers Part G: Journal of Aerospace Engineering, 2009, 223(6): 599-607.

[85] QIN J, ZHOU W, BAO W, et al. Thermodynamic optimization for a scramjet with Re-cooled Cycle[J]. Acta Astronautica, 2010, 66(10): 1449-1457.

[86] QIN J, BAO W, ZHOU W X, et al. Flow and heat transfer characteristics in fuel cooling channels of a recooling cycle[J]. International Journal of Hydrogen Energy, 2010, 35(19): 10589-10598.

[87] BAO W, QIN J, ZHOU W, et al. Effect of cooling channel geometry on re-cooled cycle performance for hydrogen fueled scramjet [J]. International Journal of Hydrogen Energy, 2010, 35(13): 7002-7011.

[88] ZHOU W X, QIN J, BAO W. Heat transfer characteristic modelling and the effect of operating conditions on re-cooled cycle for a scramjet[J]. Aeronautical journal, 2011, 115(1164): 83-90.

[89] QIN J, BAO W, ZHANG S, et al. Comparison during a scramjet regenerative cooling and recooling cycle[J]. Journal of Thermophysics and Heat Transfer, 2012, 26(4): 612-618.

[90] QIN J, ZHANG S, BAO W, et al. Off-design condition cooling capacity analysis of recooling cycle for a scramjet[J]. Journal of Propulsion and Power, 2012, 28(6): 1285-1292.

[91] BAO W, LI X, QIN J, et al. Efficient utilization of heat sink of hydrocarbon fuel for regeneratively cooled scramjet[J]. Applied Thermal Engineering, 2012, 34: 208-218.

[92] QIN J, ZHANG S, BAO W. Experimental study on the performance of recooling cycle of hydrocarbon fueled scramjet engine[J]. Fuel, 2013, 108: 334-340.

[93] 张铎, 鲍文, 秦江, 等. 碳氢燃料超燃冲压发动机油气涡轮做功能力评估[J]. 推进技术, 2013(12): 1708-1712.

[94] ZHANG D, QIN J, FENG Y, et al. Performance evaluation of power generation system with fuel vapor turbine onboard hydrocarbon fueled scramjets(Article)[J]. Energy, 2014, 77: 732-741.

[95] 张铎. 碳氢燃料超燃冲压发动机油气涡轮发电系统研究[D]. 哈尔滨: 哈尔滨工业大学, 2016.

[96] QIN J, ZHOU W, BAO W, et al. Thermodynamic analysis and parametric study of a closed Brayton cycle thermal management system for scramjet[J]. International Journal of Hydrogen Energy, 2010, 35(1): 356-364.

[97] QIN J, BAO W, ZHOU W, et al. Thermal Management System Performance Analysis of Hypersonic Vehicle Based on Closed Brayton Cycle[C]. AIAA, 2008: 5178.

[98] CHENG K, QIN J, SUN H, et al. Performance assessment of a closed-recuperative-Brayton-cycle based integrated system for power generation and engine cooling of hypersonic vehicle[J]. Aerospace Science and Technology, 2019, 87: 278-288.

[99] CHENG K, QIN J, DANG C, et al. Thermodynamic analysis for high-power electricity generation systems based on closed-Brayton-cycle with finite cold source on hypersonic vehicles[J]. International Journal of Hydrogen Energy, 2018, 43 (31): 14762-14774.

[100] 李新春. 基于热电转换的超燃冲压发动机主动冷却系统方案研究[D]. 长沙: 国防科技大学, 2017.

[101] 李新春, 王中伟. 超燃冲压发动机壁面热量的利用潜力分析[J]. 推进技术, 2017, 38(2): 275-280.

[102] LI X, WANG Z. Exergy analysis of integrated TEG and regenerative cooling system for power generation from the scramjet cooling heat[J]. Aerospace Science and Technology, 2017, 66: 12-19.

[103] 姜培学, 张富珍, 胥蕊娜等. 高超声速飞行器发动机热防护与发电一体化系统[J]. 航空动力学报, 2021, 36(1): 1-7.

[104] FEHERA E G. The supercritical thermodynamic power cycle[J]. Energy Conversion, 1968, 8(2): 85-90.

[105] ANGELINO G. Carbon dioxide condensation cycles for power production[J]. Journal of Engineering for Power, 1968, 90(3): 287-295.

[106] ANGELINO G. Real gas effects in carbon dioxide cycles[C]. Proceedings of the ASME 1969 Gas Turbine Conference and Products Show, 1969.

[107] DOSTAL V. A supercritical carbon dioxide cycle for next generation nuclear reactors[D]. Cambridge: Massachusetts Institute of Technology, 2004.

[108] DOSTAL V, HEJZLAR P, DRISCOLL M J. High-performance supercritical carbon dioxide cycle for next-generation nuclear reactors[J]. Nuclear Technology, 2007, 154(3): 265-282.

[109] MOISSEYTSEV A, SIENICKI J J. Transient accident analysis of a supercritical carbon dioxide Brayton cycle energy converter coupled to an autonomous lead-cooled fast reactor[J]. Nuclear Engineering and Design, 2008, 238 (8):

2094-2105.

[110] MOISSEYTSEV A, SIENICKI J J. Investigation of alternative layouts for the supercritical carbon dioxide Brayton cycle for a sodium-cooled fast reactor[J]. Nuclear Engineering and Design, 2009, 239(7): 1362-1371.

[111] FLOYD J A, ALPY N A, MOISSEYTSEV A B, et al. A numerical investigation of the S-CO$_2$ recompression cycle off-design behaviour, coupled to a sodium cooled fast reactor, for seasonal variation in the heat sink temperature[J]. Nuclear Engineering and Design, 2013, 260: 78-92.

[112] HU L, CHEN D, HUANG Y, et al. Investigation on the performance of the supercritical Brayton cycle with CO$_2$-based binary mixture as working fluid for an energy transportation system of a nuclear reactor[J]. Energy, 2015, 89: 874-886.

[113] IVERSON B D, CONBOY T M, PASCH J J, et al. Supercritical CO$_2$ Brayton cycles for solar-thermal energy[J]. Applied Energy, 2013, 111: 957-970.

[114] GARG P, KUMAR P, SRINIVASAN K. Supercritical carbon dioxide Brayton cycle for concentrated solar power[J]. Journal of Supercritical Fluids, 2013, 76: 54-60.

[115] SIDDIQUI M E, ALMITANI K H. Energy and Exergy Assessment of S-CO$_2$ Brayton cycle coupled with a solar tower system[J]. Processes, 2020, 8 (10): 1264.

[116] BINOTTI M, ASTOLFI M, CAMPANARI S, et al. Preliminary assessment of S-CO$_2$ cycles for power generation in CSP solar tower plants[J]. Applied Energy, 2017, 204: 1007-1017.

[117] LE MOULLEC Y. Conceptual study of a high efficiency coal-fired power plant with CO$_2$ capture using a supercritical CO$_2$ Brayton cycle[J]. Energy, 2013, 49: 32-46.

[118] MECHERI M, LE MOULLEC Y. Supercritical CO$_2$ Brayton cycles for coal-fired power plants[J]. Energy, 2016, 103: 758-771.

[119] LI H, ZHANG Y, YANG Y, et al. Preliminary design assessment of supercritical CO$_2$ cycle for commercial scale coal-fired power plants [J]. Applied Thermal Engineering, 2019, 158: 113785

[120] XU J, SUN E, LI M, et al. Key issues and solution strategies for supercritical carbon dioxide coal fired power plant[J]. Energy, 2018, 157: 227-246.

[121] BAI W, ZHANG Y, YANG Y, et al. 300 MW boiler design study for coal-fired supercritical CO$_2$ Brayton cycle [J]. Applied Thermal Engineering, 2018, 135:

66-73.

[122] OLUMAYEGUN O, WANG M. Dynamic modelling and control of supercritical CO_2 power cycle using waste heat from industrial processes[J]. Fuel, 2019, 249: 89-102.

[123] LIU L, YANG Q, CUI G. Supercritical Carbon Dioxide(S-CO_2) power cycle for waste heat recovery: A Review from Thermodynamic Perspective[J]. Processes, 2020, 8(11): 1461.

[124] ZHANG H, WANG H, ZHU X, et al. A review of waste heat recovery technologies towards molten slag in steel industry[J]. Applied Energy, 2013, 112: 956-966.

[125] CAO Y, REN J, SANG Y, et al. Thermodynamic analysis and optimization of a gas turbine and cascade CO_2 combined cycle [J]. Energy Conversion and Management, 2017, 144: 193-204.

[126] JUNG H, YOO Y, LEE J, et al. An experimental study on the ignition temperature of Sodium-CO_2 reaction with an implication of safety of a SFR with S-CO_2 Brayton cycle[C]. International Congress on Advanced Nuclear Power Plants, 2014.

[127] KIMBALL K J, CLEMENTONI E M. Supercritical carbon dioxide Brayton power cycle development overview[C]. ASME Turbo Expo 2012: Turbine Technical Conference and Exposition, 2012.

[128] UTAMURA M, HASUIKE H, OGAWA K, et al. Demonstration of supercritical CO_2 closed regenerative Brayton cycle in a bench scale experiment [C]. ASME Turbo Expo 2012: Turbine Technical Conference and Exposition, 2012.

[129] Shapiro. B a H. The dynamics and thermodynamics of compressible fluid flow [M]. New York: Ronald Press, 1954.

[130] BREWER K M. Exergy methods for the mission-level analysis and optimization of generic hypersonic vehicles[D]. Commonwealth of Virginia: Virginia Tech, 2006.

[131] Smart M K, Hass N E, Paull A. Flight data analysis of the HyShot2 scramjet flight experiment[J]. AIAA Journal, 2006, 44 (10): 2375-2366.

[132] Nist. NIST 12: thermodynamic and transportproperties of pure fluids. NIST Stand Reference Database Number 12, Version 5. 0, National Institute of Standards and Technology, 2000.

[133] SCHUFF R, MAIER M, SINDIY O, et al. Integrated Modeling and Analysis for a LOX/Methane Expander Cycle Engine: Focusing on Regenerative Cooling Jacket

Design[C]. AIAA, 2006: 4534.

[134] PIORO I L, KHARTABIL H F, DUFFEY R B. Heat transfer to supercritical fluids flowing in channels-empirical correlations [J]. Nuclear Engineering and Design, 2004, 230(1-3): 69-91.

[135] 杨世铭, 陶文铨. 传热学[M]. 北京: 高等教育出版社, 2006.

[136] 杨钧. 超燃冲压发动机系统动态过程及控制方法研究[D]. 长沙: 国防科学技术大学, 2016.

[137] KIM S, CHO Y, KIM M S, et al. Characteristics and optimization of supercritical CO_2 recompression power cycle and the influence of pinch point temperature difference of recuperators[J]. Energy, 2018, 147: 1216-1226.

[138] 段承杰, 王捷, 杨小勇. 反应堆超临界 CO_2 Brayton 循环特性[J]. 原子能科学技术, 2010, (11): 1341-1348.

[139] MYLAVARAPU S K A, SUN X A, CHRISTENSEN R N A, et al. Fabrication and design aspects of high-temperature compact diffusion bonded heat exchangers [J]. Nuclear Engineering and Design, 2012, 249: 49-56.

[140] EDWARDS T. Cracking and deposition behavior of supercritical hydrocarbon aviation fuels[J]. Combustion Science and Technology, 2006, 178(1-3): 307-334.

[141] MAHAFFEY J. Materials corrosion in high temperature supercritical carbon dioxide[C]. Proceedings of the International Symposium-supercritical CO_2 Power Cycles, 2014.

[142] DYREBY J J. Modeling the supercritical carbon dioxide Brayton cycle with recompression[D]. Wisconsin: The University of Wisconsin - Madison, 2014.